반영구 메이크업 디자인

SEMI-PERMANENT MAKE-UP

한지수 | 한영실

경춘사

국립중앙도서관 출판예정도서목록(CIP)

반영구메이크업디자인 = Semi-permanent make-up / 지은이: 한지수, 한영실. — 서울 : 경춘사, 2018
p. 120 ; 18.8×25.7cm

ISBN 978-89-5895-172-8 93590 : ₩14000

화장(미용)[化粧]
미세 색소 주입술[微細色素注入術]

593.245-KDC6
646.726-DDC23 CIP2018026286

반영구 메이크업 디자인

지은이 한지수(성신여자대학교 뷰티산업학과 교수)
한영실(건국대학교 미래지식원 겸임교수, ISBL 협의 회장)

발행인 안중기
발행처 도서출판 경춘사
등록번호 제10-153(1987. 11. 28)

인쇄 2018년 9월 10일
발행 2018년 9월 20일

서울시 마포구 마포대로 14길 31-9
경춘빌딩 101호

전화 (02)716-2502, 714-5246
팩스 (02)704-0688
www.kcpub.co.kr

값 **14,000**원

ISBN 978-89-5895-172-8 93590

PREFACE

메이크업을 시작하는 아티스트는 실습의 반복을 통해 메이크업 기술을 익혀야 한다. 아름다움에 대한 가치관은 그 시대와 사회적·문화적 배경에 따라 다르게 표현되어지며 최근 화장법은 개인적 이미지와 성향까지 고려하여 표현한다. 미용업계는 고령화되는 소비자와 바쁜 현대인에게 생활의 편리함과 시간을 단축시켜 주는 화장 기술을 도입하였다. 기술면에서 지워지지 않는 메이크업 기법은 여성뿐만 아니라 남성에게도 더 자신감 있는 사회활동을 할 수 있도록 단점을 보완하며, 반영구 메이크업은 현재 매우 각광 받으며 소비성이 높은 메이크업 기술 분야로 떠오르고 있다.

일본. 중국, 미국, 유럽 시장에서 반영구 메이크업 및 타투는 생활화되어 자기표현 기술로서 아름다움을 추구하고 있다. 미국의 경우 현재 반영구 메이크업의 부활로 많은 사람들에게 호응을 받고 있으며, 한국 역시 미용 인식의 전환과 새로운 소비 트렌드의 변화로 화장기법이 편리성 위주로 변화되고 있다. 또한 국내에선 각계의 반영구 메이크업 입법 추진 위원회 및 반영구 화장과 타투 회원 단체들의 활동이 활발해 짐에 따라 반영구 메이크업에 대한 관심과 체계적인 교육에 대해서도 관심이 높아지고 있다.

반영구 메이크업 디자인 이론에서는 기초지식을 통해 얼굴의 형과 이미지를 이해하고 비례에 맞는 표준형 얼굴의 아름다움과 유행 패턴, 얼굴의 대칭성, 색의 조화, 관상학 등을 학습할 수 있는 교재이다. 반영구 메이크업 디자인 북은 디자인 연습을 할 수 있도록 제작된 책으로 고객의 얼굴에 반영구 화장을 하기 전 충분한 패턴 연습과 디자인 연습을 통해 성공적인 반영구 메이크업을 할 수 있도록 정리하였다. 이 두권의 책은 반영구 메이크업 시술의 노하우를 알려 줄 수 있는 지침서로 체계적인 교육 자료이다.

본 교재가 반영구 메이크업에 입문하는 여러분에게 실용적인 지침서로써 많은 도움이 되길 기대하며, 반영구 메이크업 직종에 대한 이해와 지지를 통해 미용업계에 종사하는 모든 분들에게 도움이 되길 바랍니다. 책이 나오기까지 도와주신 ISBL(International Semi Beauty Line) 협의회의 권현숙, 김정선, 윤희경 이사님과 이명화, 최담선 교수님, 조은뷰티 대표님, 모델을 지원해 주신 분들, 그리고 경춘사 안중기 사장님과 직원들께 감사드립니다.

2018. 9

한지수, 한영실

추천의 글

대표원장 | **주종호**

DR. JOO JONG HO

- 연세대학교 졸업
- 분당차병원 전공의
- 대한 미용성형레이저의학회 정회원
- 대한 피부 모발학회 정회원
- 대한 화장품 의학회 회원
- 접촉 피부염 및 피부 알레르기 학회 회원
- 대한 항노화학회 정회원
- 2002년 클럽미즈9라미체 피부과 개원
- 현 클럽미즈9라미체 피부과 대표원장

지난 17년간 레이지 피부미용 클리닉을 진료해 오며, 많은 환자분들과 "아름다움", "노화"에 대해 의논하고, 고민해왔습니다.

피부진료와 피부레이저 클리닉을 주 업으로 시술해왔지만, 젊은 환자분 중에서 눈썹을 자신의 얼굴에 맞게 디자인하지 못하고 그대로 두거나 잘못 그리신 분들을 보면, 항상 눈썹 디자인에 대해 조언해 드리고 수정을 시켜 드렸습니다. 눈썹은 조금의 변화만으로도 많은 효과를 쉽게 볼 수 있는 부분으로 만족감도 높기 때문입니다.

얼굴형에 맞추어 혹은 얼굴의 단점을 보완할 수 있는 반영구 메이크업이나 문신 시술은 앞으로도 많은 사람들에게 "아름다움"과 "노화"를 보완할 중요한 부분임이 확실합니다.

반영구 메이크업에 대해 심도 있게 학습할 수 있는 내용을 포함하고, 실전에서 사용할 수 있는 수준까지 가이드 한 이 책은 반영구 메이크업 시술을 배우고자 하는 아티스트 지망생들에게는 바이블 같은 책이 될 것입니다.

이 책을 보시는 모든 분들은 전문적인 기술과 지식을 잘 습득하셔서, 성공적인 반영구 메이크업 아티스트가 되기를 기원하며, 이 책을 추천드립니다.

CONTENTS

CONTENTS

1

제1장
반영구 메이크업

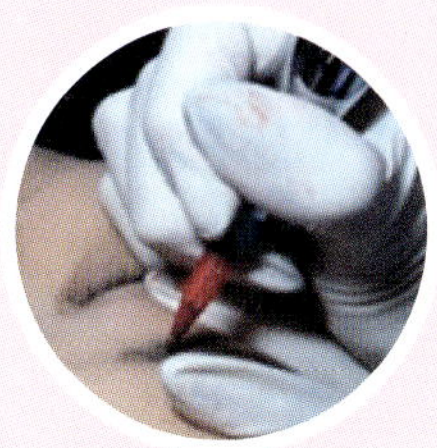

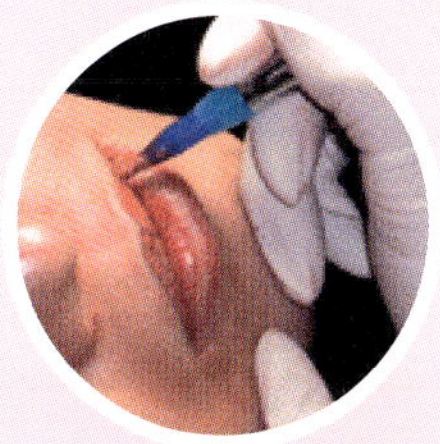

Make Up

제1장
반영구 메이크업

1. 화장과 문신의 역사

심리학자나 사회과학자의 연구에 의하면 화장은 사회적인 역할에 중요성을 띠며, 또한 화장품산업과 사람들의 사회 기여도에 많은 영향을 나타내었다.

피부지식을 활용하여 피부색과 질감, 형태, 윤곽 등의 신체 변형은 신분과 역할 그리고 사회적 기능에 대한 정보를 제공한다. 피부에 표현되는 화장과 문신은 피부디자인으로 여성과 남성의 심리적 사회적 욕구를 채우는 역할을 하였다.

인간의 털이 피부에서 점차 사라지자 인간은 피부에 관심을 보였으며, 피부 채색 및 피부 조각 등을 통해 피부 두께를 변형하고, 피부를 잡아 늘리거나, 상흔 및 상처, 문신을 하였다. 문신의 풍습은 원시시대인 기원전 3,300년 이전부터 시작되었으며, 아프리카, 아메리카, 아시아 등 여러 부족에 문신한 기록이 남아있다. 입묵(入墨)·자문(刺文)이라고도 하며, BC 2000년경의 이집트의 미라와 세티 1세(재위 BC 1317~BC 1301)의 무덤에서 나온 인형(人形)에 문신이 나타나 있다. 일반적으로 미개민족이 문신을 하는 것은 성년식(成年式)을 행할 때이며, 씨족이나 부족의 일원으로 다시 태어나는 표시로, 할례(割禮)·발치(拔齒)·천이(穿耳) 등의 신체변공(身體變工)과 복합적으로 행해지는 경우가 많다. 그러나 문신은 주술 종교적인 의례이기도 하고, 장식으로는 미학적(美學的) 의미도 지닌다. 그 밖에는 계급을 표현하고 액땜을 위한 것, 또 결혼이나 출산(出産) 때 호적(戶籍) 대신에 행해지기도 하였다.

과거에는 먹물이나 잉크를 사용하여 문신을 하였고 진피층까지 색소를 주입하여 영구적(permanent: 오랫동안, 영원히)으로 피부에 남게 되며 시간이 지남에 따라 색이 변화하기하고 알레르기를 유발하는 가능성이 높았다. 현대의 문신 기술은 기계의 발달로 디자인적인 요소가 강조되고 표피와 진피의 경계면까지만 색소를 침착시켜 유지기간을 3개월에서 2년 정도로 하여 다시 문신을 할 수 있는 반영구 메이크업(Semi permanent make-up)으로 발전하였으며 다양한 색상을 혼합하여 사용하고 미를 추구한다. 반영구 메이크업을 통한 외모관리는 여성의 전유물이 아니며 남성들에게도 시술되고 있다.

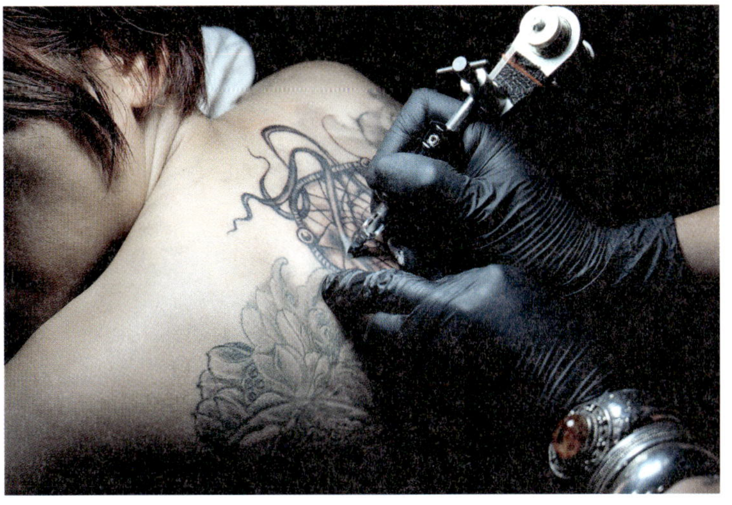

〈그림 1-1〉 신체에 문신을 하는 모습 〈출처: 셔터스톡〉

2. 반영구 메이크업의 정의

반영구 메이크업의 명칭은 한국에서는 반영구화장, 미국은 세미퍼머넌트 메이크업(Semi permanent make-up)이라고 하며, 일본은 아트메이크업(Art make-up)이라고 한다.

반영구 메이크업이란 평생 지워지지 않는 '문신'이 아닌 일정시간이 지나면 사라지는 화장으로, 표피와 진피의 경계면인 0.08mm~0.15mm의 피부층에 색을 입히는 화장술이다. 천연색소를 주입하여 시간이 흐르면 색이 자연스럽게 탈락되며 1~2년간 피부에 유지된 후 수정과 보완이 쉽고 다시 새로운 디자인을 시술할 수 있다.

간단하고 편리성을 갖춘 반영구 메이크업은 피부화장 수정이 가능하고, 짧은 시간에 시술을 받고 바로 일상생활이 가능하며, 각 개인의 신체변화와 새로운 유행 스타일에 맞추어 반영구 메이크업을 할 수 있다.

약품의 발달과 검증된 색소의 사용, 기계의 발달로 부작용과 통증문제가 현저히 개선되고 있으며 반영구 메이크업 중 얼굴에 적용 가능한 부위는 눈썹, 아이라인, 입술, 헤어라인 등이다.

TIP 반영구 메이크업과 문신의 비교

	반영구 메이크업	문신
지속성	6개월~2년	거의 영구적
색상	다양한 색상/ 자연스러움	검정/ 강열함
위치	얼굴(눈썹, 아이라인, 입술, 헤어라인)	신체
시술 목적	아름다움과 이미지 부각	상징, 독창성, 기타
사후 관리	수정이 가능함	수정이 불가능함
알러지	식물성 천연 염료로 비교적 없다	가능성이 있다.
변색	비교적 변색이 없다	청색/ 초록
2차 시술	필요	불필요
색소 주입 깊이	표피층	진피층
사용되는 바늘 및 감염	0.15mm굵기 1회용 바늘/위생적	1~2mm 굵기 바늘/ 반복적 사용/ 비위생적

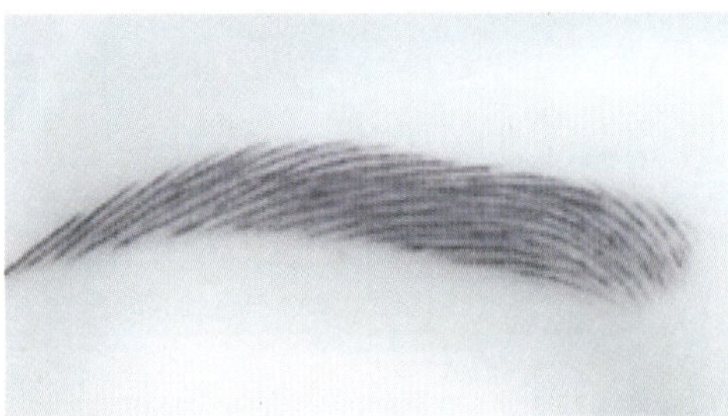

눈썹

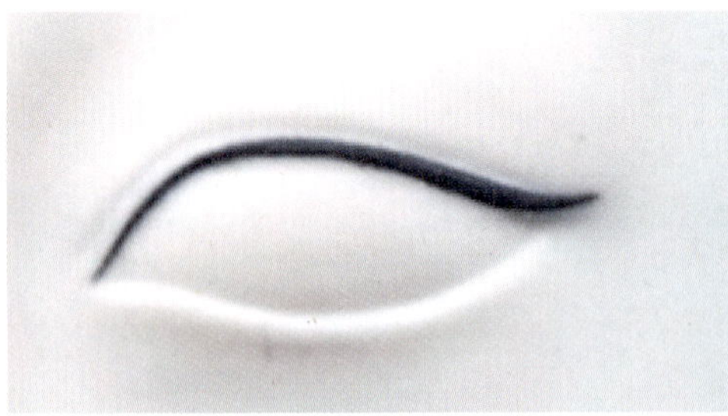

아이라인

입술

헤어라인

〈그림 1-2〉 얼굴에 할 수 있는 반영구 메이크업(고무판 시술)

3. 반영구 메이크업의 원리

피부색을 구성하는 요소는 표피에 존재하는 멜라닌(melanin)과 혈관 속에 함유된 헤모글로빈(hemoglobin) 및 피하조직의 카로틴(carotin) 등이 있다. 피부색은 이와 같은 색소의 양, 표피의 두께나 반사도 및 혈류량 등 과 수분 함유 상태에 의해 영향을 받는다. 반영구 메이크업은 피부에 원하는 효과를 얻기 위해 인체 고유의 피부색을 반영구적으로 변화시키는 인위적 방법으로 색소를 피부 겉 층에 바르는 것이 아니라 피부의 표피층 내에 색소를 주입시키는 기법으로 색소 성분의 일부가 표피층에 착색하여 피부에서 보여지는 메이크업이다.

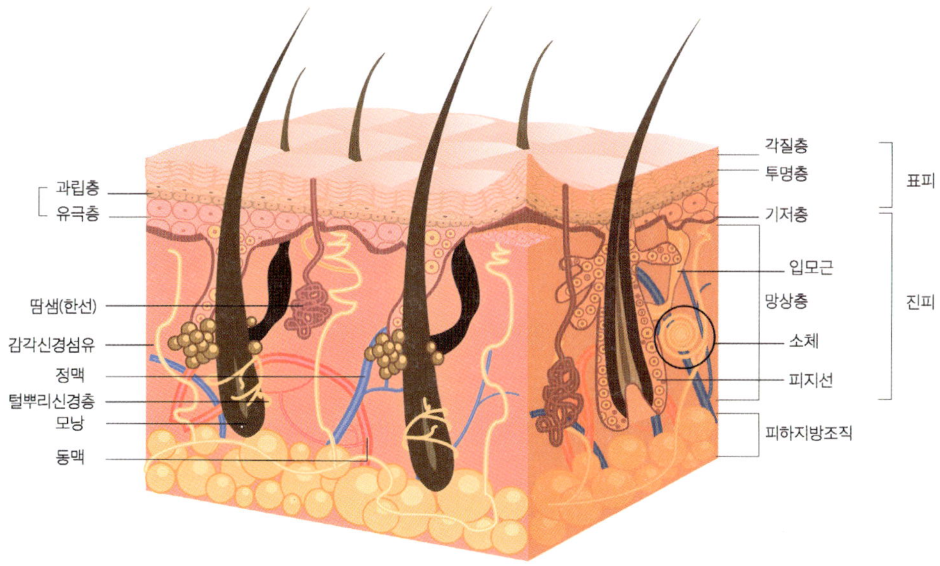

〈그림 1-3〉 피부의 구조

색소가 피부 속에서 퍼지거나 흐리게 나타나는 것은 분자의 크기가 너무 작을 경우이며 분자의 크기가 너무 클 경우는 색소가 고루 분포하지 않아 색소의 불균형 형태가 되기 때문에 색소를 피부에 삽입 시 이론적으로 색소 분자 크기가 6마이크론 이상 20마이크론 이하가 균일하며 적당하다.

색소를 피부에 삽입하는 것은 미세한 바늘 끝에 색소를 묻혀 피부에 접촉 후 시술자의 적절한 힘의 압력과 바늘의 운동에 의해서 색소가 피부 내에 삽입 되는 원리이다. 색소는 신체의 일부에 흡수 될 수 있으므로 안정성이 확인된 천연색소 제품을 사용하여야 하며 관리와 위생에도 주의하여야 한다.

피부는 4주마다 각질이 탈락하는데 시술 후 상처부위의 색이 각질과 함께 탈락하게 되면 자연스러운 색이 연출된다.

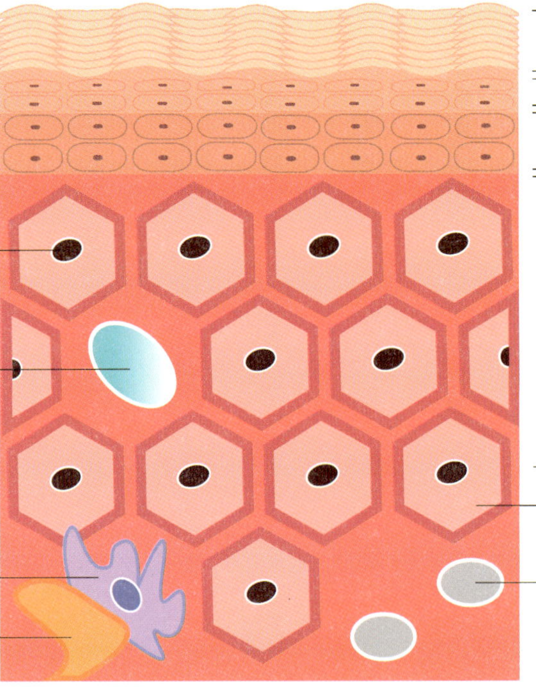

〈그림 1-4〉 피부의 표피의 구성세포

4. 반영구 메이크업의 전반적인 고려 사항

시술 전 피부과 전문의와 뷰티 전문가에게 충분히 상담하는 것이 중요하다.

반영구 메이크업은 한 번의 시술로 완성하는 것이 아니며, 2차 시술(리터치) 또는 3차 시술을 통해 완성되며 개인적 피부의 특성이나 입술과 같은 부위는 3~5차 시술이 필요한 경우가 있다. 또한 색소를 피부에 투여 시키는 것은 쉬워도 피부에 투여된 색소를 지우는 것은 어렵기 때문에 1차에 무리하게 상처를 내어 색을 착색시키는 것보다는 2차 리터치를 반복하여 자연스럽게 색을 시술하는 것이 아름다운 색을 연출하는 방법이다.

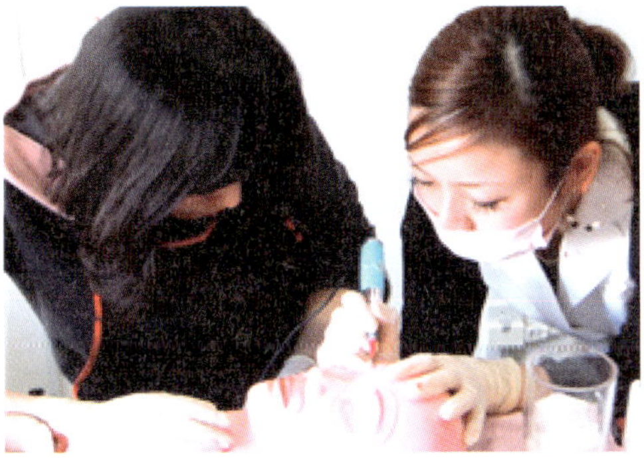
마네킹에 연습

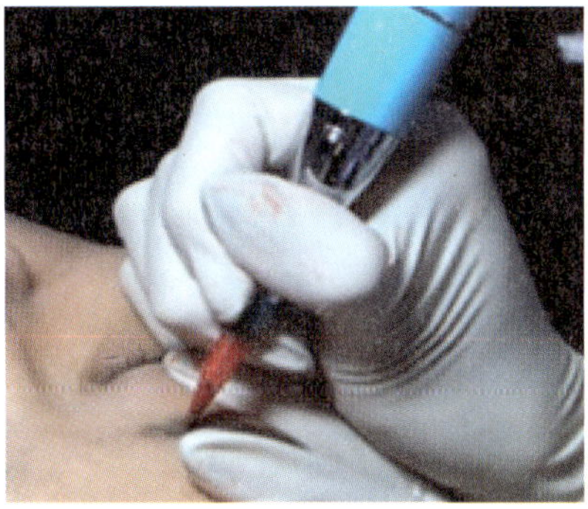
직접 피부에 시술

〈그림 1-5〉 반영구 메이크업의 시술

1) 시술 전 관리

① 반영구 메이크업을 할 부위에 상처가 있을 때는 상처가 아문 후에 시술을 한다.
② 시술은 통증을 수반할 수 있으므로 통증방지크림으로 조절한다.
③ 시술 후 약간의 부종이나 붉은 기운이 돌 수 있다.
④ 눈썹정리가 필요하면 하루 전에 마치고 시술 후 일주일간은 눈썹을 뽑지 않는다.
⑤ 눈썹이나 속눈썹 염색을 한 경우, 2일 이후 시술이 가능하다.
⑥ 시술 후 10~20일 이후 리터치가 필요하며 수정과 보완이 가능하다.
⑦ 시술 후 6개월 이후부터는 재 시술이 가능하다.
⑧ 콘텍트렌즈를 착용하면 착색 우려가 있으므로 시술 전에 렌즈를 제거한다.

2) 반영구 메이크업 시술과 시술 후 처치방법 및 주의사항

① 2차 시술에서 수정 및 보완 할 수 있는 여지를 남겨 놓는다
② 눈썹을 디자인 할 때 고객이 원하는 것보다 가늘고 얇게 한다.
③ 디자인을 할 때 고객이 원하는 것보다 작게 한다.
④ 피부 표피층에 색소를 입힐 때 고객이 원하는 것보다 옅게 한다.
⑤ 시술 후 보습과 빠른 재생, 정확한 색상 표현을 위한 착색 재생 보습크림을 도포한다 (1일 4~5회 수시로 도포).
⑥ 시술 부위의 통증과 붉음, 부종의 완화를 위해 10~30분간 냉찜질을 적용하여 빠르게 피부의 온도를 쿨 다운 해준다.
⑦ 2차 반영구 메이크업을 받고자 고객이 방문하였을 때 1차 반영구 메이크업 시술 한

것이 자연스러운지 상태를 판단한 후 원하는 형태보다 좀 더 두껍고 길고 진하게 형태의 디자인 마무리 할 수 있게 한다. 각질이 탈락되면 시술직후보다 색이 빠지고 작아진다는 것을 고객에게 설명한다.

⑧ 시술 직후 부위는 24시간 물에 닿지 않게 한다.

⑨ 시술 후는 탕 목욕, 사우나, 수영, 시술부위에 샤워기 사용을 금지한다(일주일간).

⑩ 입술을 시술한 경우, 음료를 마실시 빨대를 사용하여야 한다(감염방지와 음식물이 닿는 것을 방지).

⑪ 헤르페스가 생기면 수포방지제와 처방된 약을 복용 한다.

5. 반영구 메이크업의 시술 대상자

① 직장여성이나 매일 메이크업을 하는 사람

② 모델이나 배우 등의 직업

③ 운동 및 수상 스포츠를 하는 사람

④ 백반증이 있는 사람

⑤ 화상 및 흉터, 특히 눈썹 흉터나 유두수술 흉터가 있는 사람

⑥ 땀을 많이 흘리는 사람

⑦ 튼살이 있는 사람

⑧ 피부의 색소성 질환이 있는 사람

⑨ 메이크업이 신체적으로 불편한 사람

⑩ 화장품 알레르기가 있는 사람

⑪ 뚜렷한 이목구비를 원하는 사람

부위별 반영구 메이크업 시술 대상자

눈썹	1. 눈썹의 형태를 못 그리는 사람 2. 눈썹 숱이 적은 사람 3. 양 쪽 눈썹털의 좌우 대칭이 안 맞는 사람 4. 눈썹털이 반 정도 만 있는 사람 5. 눈썹 털이 탈색 된 사람
아이라인	1. 눈매의 형태가 또렷하지 않은 사람 2. 속눈썹이 가늘고 짧은 사람 3. 잘못된 쌍거풀 수술로 인해 점막 부위가 들떠있는 사람 4. 눈매의 이미지를 선명하고 섹시하게 보이길 원하는 사람

입술	1. 입술의 모양, 크기 윤곽의 변화를 원하는 사람 2. 입술색이 없는 사람 3. 입술이 얇은 사람 4. 선천적으로 입술이 비뚤어져 있거나 좌우대칭이 맞지 않는 사람
헤어라인	1. 탈모로 머리카락이 빠진 사람 2. 헤어라인이 비뚤거나 불균형상태의 사람 3. M자형태의 탈모로 헤어라인이 넓어진 사람 4. 머리숱이 많아 보이고 싶은 사람

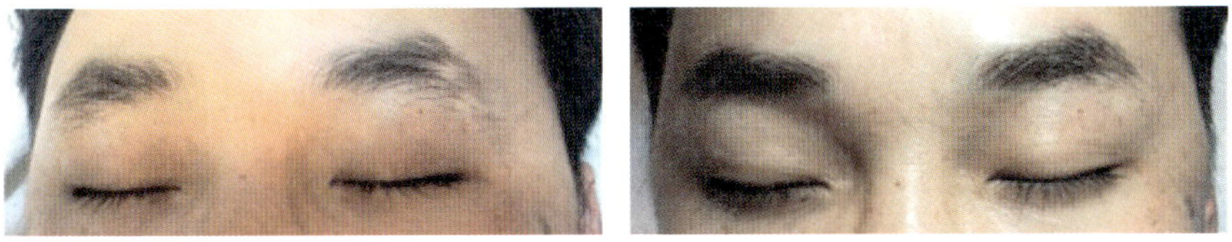

눈썹에 흉터가 있는 경우 – 엠보 눈썹

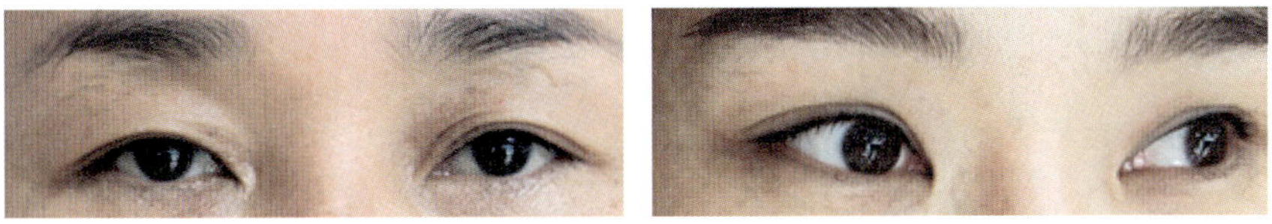

입체감이 없고 흐릿한 눈매 – 눈매 아이라인

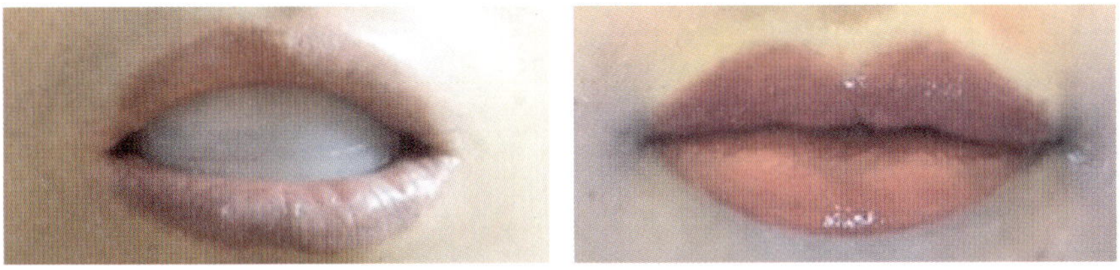

얇고 흐릿한 입술 – 입술색과 디자인

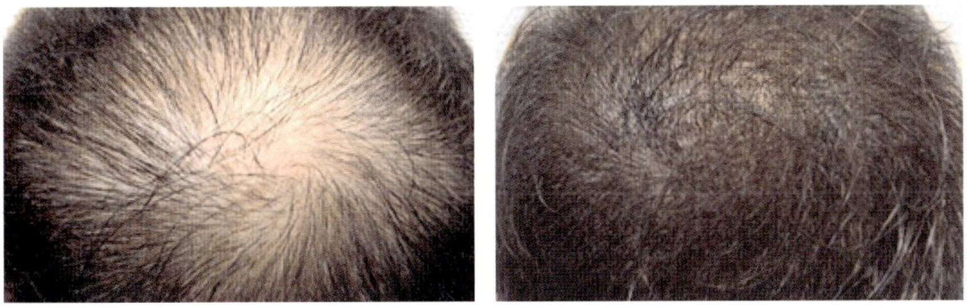

탈모로 전체적으로 헤어가 없는 경우

〈그림 1–6〉 반영구 화장이 필요한 대상자

6. 반영구 메이크업의 금기 대상자

1) 반영구 메이크업 시술이 불가능한 사람

피부암(Skin cancer) 환자, 백혈병(Leukemia), 혈우병(Hemophilia), 바이러스 환자, 초기 임산부(Pregnantcy), 간질병 환자(Epileptic), 켈로이드(Keloids), 눈 밑의 다크서클(Dark circles under eyes), 정맥류(Varicose veins), 어린이, 급성 피부질환, 건강염려증, 알코올 중독, 약물 중독자 등은 시술을 하지 않는다.

① 눈썹 시술시 : 눈썹이식 수술 후 2개월 이내일 경우

② 아이라인 시술시 : 라식 수술 3개월 이내일 경우, 쌍꺼풀 수술 6개월 이내일 경우
속눈썹 연장 시 연장한 속눈썹을 제거해야 시술 가능

③ 입술 시술시 : 입술 지방주입 수술 6개월 이내일 경우

2) 반영구 메이크업 시술에 주의를 요하는 경우

① 류머티스질환, 관절염(Arthritis), 중풍, 심장질환 : 복용약이 피를 묽게 하여 상처가 잘 아물지 않을 가능성

② 고혈압(Hypertension) : 시술시 스트레스를 받게 되면 혈압이 상승하게 될 가능성

③ 당뇨병(Diabetes) : 시술 후 상처가 잘 아물지 않으며, 저혈당이 될 가능성

④ 케미컬 알러지 : 색소, 기계바늘 등에 알러지 반응을 일으킬 가능성

⑤ 생리중인 여성 : 혈관이 확장되어 색소가 피부에 착색이 잘 되지 않을 가능성

⑥ 켈로이드체질 : 시술시 상처가 생기면 상처가 아물면서 원래의 상처 크기보다 더 크게 튀어나오는 흉이 만들어질 가능성

⑦ 심장질환(Heart disease)

3) 기타

① 임산부일 경우에는 출산 후 시술 받도록 권유한다.

② 레이저 문신 제거술 및 화학약물로 문신 제거술을 받은 경우는 문신제거 후 2개월 이상 시간이 흐른 후 반영구 화장 시술이 가능하다.

③ 여드름 치료제 복용자는 투약 중지 3개월 이후에 반영구 메이크업이 가능하다.

④ 알코올 중독 치료제 복용자 또는 약물을 복용하고 있는 경우 약물의 종류에 따라 의사와 상담 후, 주의 사항이나 부작용에 대해 충분히 고려한 후 반영구 메이크업을 받을 수 있다.

2

제2장
피부타입별 반영구 메이크업의 적용

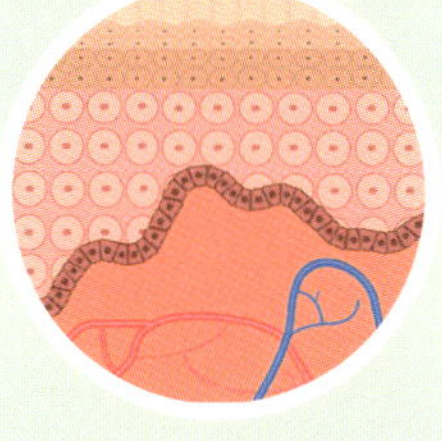

Make Up

제2장

피부타입별 반영구 메이크업의 적용

1. 피부의 구조와 생리

피부를 구성하는 다양한 구조들은 모두 다 살아있는 공생관계로서 피부는 세 개의 피부층인 표피, 진피, 피하조직으로 혈관, 신경, 피부의 부속기관인 땀샘, 모낭 등으로 이루어져 있다. 피부는 외부의 공격에 대해 내부 환경을 보호하는 기능과 교환의 기능, 체온유지의 기능, 감각기능, 신진대사의 기능을 한다.

이중 표피(Epidermis)는 모든 동물들처럼 피부 표면에서 외피 기능을 하며 사람의 표피는 평균 두께 0.2mm정도로 유연하면서 내구력이 있는 조직이다.

1) 표피의 두께

신체부위와 각질층의 두께에 따라 달라지며, 손바닥이나 발바닥의 경우 1~1.5mm, 눈꺼풀의 경우 0.04mm로 얇다.

2) 표피의 생리

표피의 각질화는 각질형성세포의 분화 과정으로 표피의 가장 바깥쪽 세포들은 외부의 공격을 막기 위해서 닳아지고, 외부로 빠르게 떨어져 나간다. 이것이 피부 박리현상으로, 하루에 약 9~17mg의 각질세포들이 탈락된다. 하나의 각질세포가 표피에서 제거될 때마다 기저 세포층에서 세포분열이 일어나 그 세포는 즉시 대체된다. 각질세포가 탈각되는 것보다 대체 세포의 분열이 늦어지면 피부는 점차 얇아지고 민감하게 변화한다.

3) 표피의 각질화 과정

기저세포 분열에서 태어난 세포들의 수직이동과 그 세포들이 상승하는 동안에 일어나는 세포분화인데, 이는 각질층을 형성하기 위한 것이다.

매일 10% 정도의 각질세포가 떨어져 나갈 때마다 기저세포는 분열하여 새로운 세포를 만든다. 새로 분열한 세포는 유극층으로 이동하게 되며 결과적으로 모든 세포가 위로 이동하여 떨어져 나가 각질세포를 채우게 된다. 각질 주기에 따라 피부타입이 결정되기도 하며 28일 주기는 정상피부, 28일 보다 빠르면 피부트러블을 일으키는 건성이나 비듬피부의 유형을 갖는다. 신체의 기능이 떨어지거나 노화가 되면 각질의 주기도 느려지게 되니 피부의 유형을 보고 리터치 시기를 결정하도록 한다.

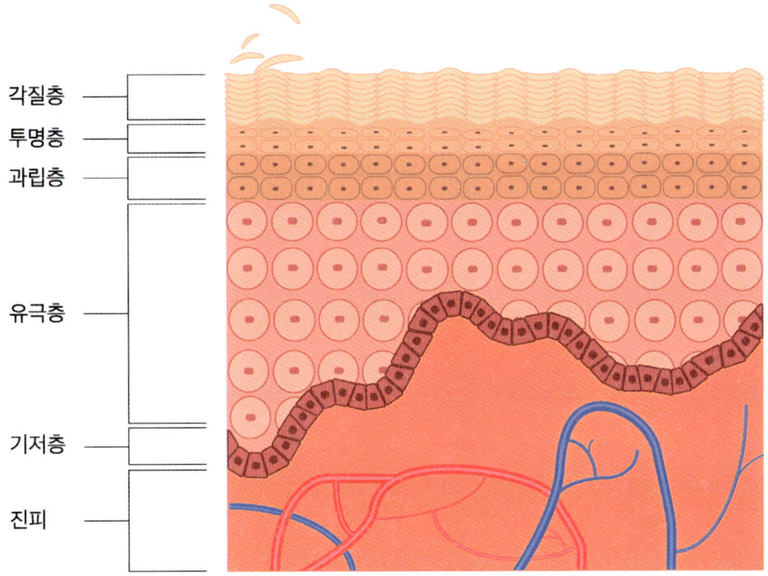

〈그림 2-1〉 피부의 표피와 각질층

2. 피부와 반영구 메이크업

피부의 미적 특징들은 각질층에 부드러움과 유연함을 주는 수·지질막(hydrolipid film) 구성 조합에 의하여 결정된다.

개인별로 피부의 특성과 유형, 상태에 따라 시술에 따른 결과가 크게 달라지기 때문에 시술 전에 시술대상자의 피부상태와 피부타입을 충분히 고려해야 한다.

피부타입에 따른 피부구조, 피부 컨디션에 따른 각질주기를 알아보고, 이에 따라 개인에게 맞는 시술각도와 방법, 주의사항에 대하여 알아보도록 한다.

반영구 메이크업은 표피층에 미세염료(색소)가 착색되도록 하는 것으로 한번 착색이 된 염료(색소)는 평균 한 달에서 길게는 1~2년 정도 피부층에 머물게 되는데, 이는 염료(색소)를 분비물이나 노폐물로 인식하지 않고 피부층으로 인식하기 때문이다.

하지만 같은 종류의 색소라도 다양한 색을 믹스하여 사용하며 눈썹, 아이라인, 입술 등 시술 부위에 따라 피부조직이 다르게 형성되어 있기 때문에 색소 착상률과 착색되는 색은 일정하지 않다. 따라서 시술 부위에 따른 피부조직의 특성과 개인이 가진 피부의 특성, 즉 시술할 고객의 인종·연령·성별 등을 종합적으로 고려하여 그에 맞도록 시술이 이루어져야 한다. 개인마다 다른 피부타입과 피부구조, 피부 컨디션, 영양소 공급 상태 등 그에 맞는 각질주기를 확인하고 시술을 할 때 고객 만족을 극대화 할 수 있다.

TIP 피부타입별 시술방법

피부타입 확인하기

세안 후 3~4시간 동안 아무것도 바르지 않고 자신의 피부를 만져보거나 보았을 때

- 전체적으로 피지분비가 적당하고 건조함이 없다면? → 중성
- 전체적으로 피지분비(번들거림)없이 건조하며 피부가 당긴다고 느낀다면? → 건성
- 전체적으로 피지분비가 많아 번들거린다면? → 지성
- 전체적으로 건조하지만 부분적으로 피지분비가 있다면? → 건성에 가까운 복합성
- 전체적으로 피지분비로 인해 번들거리지만 부분적으로 건조하다면? → 지성에 가까운 복합성

3. 피부유형별 반영구 메이크업 시술

1) 정상피부

수분을 유지하고 피지분비도 적당한 정상 피부는 사춘기에 도달하기 전 아기 피부 특성들을 가진다. 이러한 피부는 단단하고, 윤기가 나며, 만져보면 부드럽다. 기저세포의 분열로 새로 분열한 세포는 유극층으로 이동하여 표피의 묵은 각질이 28일 주기로 탈락되어 피부가 매끄럽다.

① 시술방법

시술 전에 시술 부위의 각질을 제거해야 한다. 또한 정상적인 피부의 각질주기인

28~30일로, 리터치시기를 정하고 첫 시술 이후 관리를 잘 할 수 있도록 주의사항을 다시 설명한다. 정상피부이더라도 노화가 시작되면 각질의 탈락 주기가 늦어지니 리터치의 시기도 늦추어 진행한다.

② 시술각도

정상피부는 85~90도 각도로 시술한다.

ADVICE

불필요한 각질을 제거함으로써 염료(색소)가 원하는 색으로 피부에 착색이 잘 될 수 있다. 피부 안에 비립종과 같은 염증질환이 있는지 확인하고 피부색에 따라 염료의 색이 잘 나타나도록 주의하여 디자인 한다.

2) 지성피부, 여드름 피부

피지과다로 인하여 모낭충(여드름 균)이 많으며 피부에 유분이 많다. 지성피부는 여드름이 생겨나면서 모공이 넓고 피부결이 두꺼워져서 귤껍질처럼 느껴지지만 각질층이 두껍거나 표피층이 두꺼운 것은 아니며 표피에 느껴지는 느낌이 그러한 경우가 많다. 그리고 각질탈락도 정상피부에 비해 빨라 시술 후 유지기간이 건성피부보다 짧다. 여드름(acne)이란 단어는 그리스어 'akme'에서 나온 단어로 '점'을 의미한다. 과도한 피지가 나타나는 부위는 얼굴 중앙 부위(이마, 코, 턱, T-zone)로 이 부위에 피지선이 많이 분포한다.

① 시술방법

지성피부는 피지분비량이 많아 색소배출 또한 빠르기 때문에 유지기간이 짧다. 반영구 시술 전 유분을 제거하고 모공을 막고 있는 각질층이 두꺼워 각질제거를 해야 한다. 리터치 시기는 피부의 두께를 보고 각질주기에 따라 정하도록 한다. 각질층이 두껍다고 생각하여 진한 염료(색소)를 사용하거나 니들 깊이를 깊게 하면, 유분과 만나 염료(색소)가 변색되거나 염료가 번져서 원하는 색상과 다르게 염료가 착색될 확률이 높다. 특히 남성의 경우 피지분비량이 과다하거나 지루성 피부염을 가지고 있는 고객들이 있기 때문에 처음부터 염료(색소)와 시술각도를 각별히 주의해야 한다.

② 시술각도

지성피부는 90도 각도로 시술하는 것을 권장한다.

ADVICE

지성피부는 모낭충이 서식할 확률이 높으므로 시술 후 가려움증이나 붉게 부어오름, 진물이 나는 등의 증상이 있을 수 있는데, 이러한 증상이 나타나는 부위에는 정상적인 염료(색소) 착색이 어렵다. 특히 피가 날 경우엔 염료가 번질 수 있으므로 염료 선택 및 시술 각도를 주의하여 시술한다.

3) 건성피부

수분의 함유량이 낮은 피부이지만 모공이 깨끗하고, 색소 침착을 방해하는 요소가 없어 착색이 비교적 잘 되고 유지기간이 길다.

건성피부는 피부에 유분과 수분의 함유량이 적고 각질층이 불균형하며, 피부결이 거칠기 때문에 각질이 심하게 탈각되지 않도록 반영구 시술 후 보습에 신경을 써야 한다.

① 시술방법

시술 전에 시술 부위의 각질을 제거하는 것이 도움이 된다. 또한 정상적인 피부의 각질 주기인 28일보다 더 빠르게 진행되는 경우가 많지만 때로는 각질이 떨어지지 않는 경우도 있어, 리터치 시기는 첫 시술이 이루어지고 난 뒤 24~40일 이후로 정하는 것이 바람직하다.

② 시술각도

피부의 자극을 최소화하도록 건성피부는 80~90도 각도가 좋다.

ADVICE

건성피부는 불필요한 각질제거를 통해 원하는 색으로 착색이 잘 될수도 있지만, 만약 피부 안에 비립종과 같은 염증질환이 있다면 피부 내에 순환 장애를 일으켜 비립종과 색소(염료)가 합쳐져 진피까지 타고 들어가 염료가 착색될 수 있으니 주의하여야 한다.

민감한 피부는 열이 많거나 붉은기가 많으므로 붉은 색을 중화하는 그린과 카키를 넣어 색을 중화하고 시술 후 열이나 건조함으로부터 상처가 되지 않도록 충분한 보습과 재생크림을 발라 피부를 진정 시켜주어야 한다.

4) 복합성 피부

일반적인 복합성 피부는 T존 부분에 피지분비량과 유분이 많아 메이크업을 한 후 T존 부위가 번들거리거나 잘 지워진다. 지성과 건성을 동반한 피부로 모낭충이나 비립종이 생기거나 T존 부위에 피부 트러블이 생길 수 있으므로, 다른 피부타입에 비해 시술 후 사후관리가 더욱 더 중요하다.

① 시술방법

복합성 피부는 지성과 건성을 동반하므로 시술하고자 하는 부위의 피부 상태를 먼저 확인하고 시술부위의 피부가 지성에 가깝다면 유분을 제거한 후 각질층이 두껍다면 각질을 제거하고 시술해야 한다. 건성에 가깝다면 불필요한 각질을 제거한 후, 시술 강도를 약하게 시술하여 피부 안에서 색소 퍼짐 현상을 피하고, 시술 후 보습에 신경쓴다.

② 시술각도

복합성 피부는 앞부분은 70도, 끝부분은 90도 각도를 유지하여 피부 타입을 고려하여 시술한다.

ADVICE

복합성 피부는 지성 피부와 거의 비슷하지만 부분적으로 건성이어서 시술부위 피부타입을 꼭 확인해야 한다. T존 부위 주변은 모낭충이 서식하므로 시술 후 가렵거나, 붉게 부어오르고, 진물이 나는 등의 증상이 있을 수 있으며, 이러한 증상이 나타나는 부위는 고객의 피부에 맞추어 시술한다.

5) 민감성 피부

각질층에서 자연보습인자(NMF)의 부족으로 인한 각질층의 수분 함유 능력 상실이 원인이며 유분과 수분의 함유량이 적고 각질층이 불균형하다. 또한 표피의 묵은 각질의 탈락이 제대로 이루어지지 않아 피부가 하얗게 일어나기도 하는데 이런 증상은 각질관리와 수분공급이 필요하다는 신호로 피부자극을 최소화하여 보습케어를 하여야 한다.

① 시술방법

정상적인 피부의 각질주기인 28일보다 더 빠르게 진행되는 경우가 많지만 때로는 각질이 떨어지지 않는 경우도 있어, 리터치 시기는 첫 시술이 이루어지고 난 뒤 24~40일 이후로 정하는 것이 바람직하다.

② 시술각도

피부의 자극을 최소화하도록 건성피부는 80도 각도로 시술하는 것이 좋다.

6) 피부알레르기, 켈로이드 피부

'allergy'란 그리스어 'allos'에서 온 것으로 '다른'을 의미하며, 'ergy'은 '반응'을 의미한다. 알레르기란 면역체계가 예전에 노출된 적이 있었던 알레르기 유발 물질에 과민하게 반응하는 것이다.

면역반응이란 외부 환경에서 발생하는 모든 물질(우리는 이것을 항원[antigen]이라 부른다)에 대하여 우리 몸이 대항하여 제거하는 반응현상이다.

켈로이드(Keloid)는 팽팽하고 반짝거리는 표피로 덮이면서 접합부의 양성 종양처럼 나타난다. 삼각근 부위, 흉골 부위, 배꼽 아래 부위의 경우에는 이러한 증상이 잘 나타나며 이러한 증상은 결합조직의 비정상적인 증식으로 인하여 생겨난다.

ADVICE

문제성 피부는 원하는 결과물의 표현이 매우 어렵고 여러 가지 증상에 따라 정상적인 염료(색소) 착색도 어렵기 때문에 의사와 상의 후 결정해야 한다. 시술하기 전 시술의 주의사항, 부작용 등을 충분히 설명하고 고객카드와 동의서 등을 받아야 한다.

7) 노화피부

주름이 있는 부분을 고려하여 디자인을 해야 한다. 피부가 처지기 때문에 꼬리부분은 올려서 디자인하는 것이 좋다. 늘어진 피부를 잡아서 주름을 펴고 피부에 텐션을 고려하여 시술해야 하며 착색이 어렵기 때문에 속도를 줄여서 시술한다.

ADVICE

노화성 피부는 원하는 결과물의 표현이 매우 어렵고 각질이 탈각하는 주기가 길다. 정상적인 염료(색소) 착색도 어렵지만 피부 주기도 느려 유지기간이 길어지기 때문에 디자인시 이러한 점을 고려해야 한다. 전체적인 이미지와 인상 등을 고려하고 염료의 색이 진하면 인상이 강하게 보이기 때문에 염료의 색도 살짝 채도를 낮추면 자연스럽게 디자인할 수 있다.

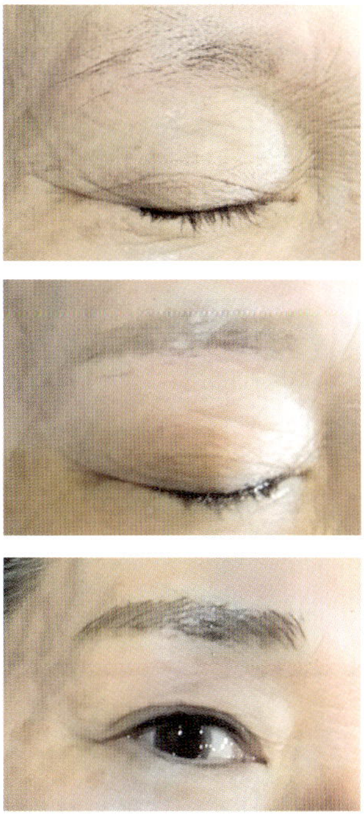

노화 피부의 경우 피부가 쳐지기 때문에 라인을 조금 위쪽으로 올려 그려 디자인 한다. 반영구 시술 후 쳐진 느낌이 없도록 상의하여 디자인 한다.

여성의 경우 자연스러운 결과물을 낼 수 있도록 흐린 색소를 선택하고 머신으로 1차 바탕색을 내고 기본눈썹으로 시술한다.

콤보기법으로 1차 머신 후 엠보기법으로 원래 자신의 눈썹인 것처럼 디자인하고 아이라인은 눈꼬리 아래로 빼지 않고 2~3m/m 전에 끝을 마무리 하여 젊어 보이는 인상을 준다.

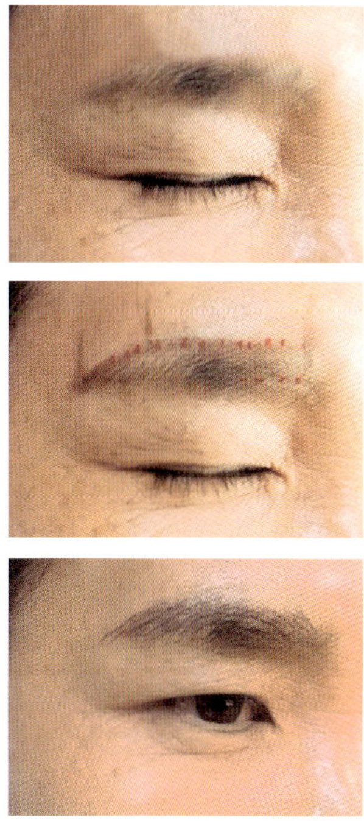

여성 남성

〈그림 2-2〉 노화피부의 반영구 화장

▸ 리터치의 시기

- 정상피부 (28~50일 사이)
- 노화피부 (40~70일 사이)로 1차 색소의 착색상태를 보고 기간과 색상을 결정한다. 지성피부나 탈각의 상태를 보고 2, 3차 리터치를 결정한다.

▸ 피부 유형별 니들의 사용

- 두꺼운 피부 : 보통 속도로 긴 니들을 사용한다.
- 얇은 피부 : 보통 속도로 짧은 니들을 사용한다.
- 건성 피부 : 빠른 속도로 짧은 니들을 사용한다.
- 지성 피부 : 느린 속도로 긴 니들(0.4mm)을 사용한다.
- 젊은 피부 : 보통 속도로 짧은 니들을 사용한다.
- 노화 피부 : 느린 속도로 긴 니들을 사용한다.

4. 인종에 따른 색소 선별과 시술방법

피부색은 반영구 화장 시술시 색소 선택에 영향을 주기 때문에 매우 중요하다. 인종에 따라 멜라닌 색소의 분포 양상이 달라지므로 백인, 황인, 흑인 등 피부색의 차이가 생기게 된다. 반영구 시술 시 피부색은 바탕색이 되기 때문에 동일한 염료(색소)를 사용해도 피부색과의 배색에 의해 색이 다르게 보여진다.

1) 동양인피부

동양인은 대부분 황색 또는 갈색의 피부색을 가진 황인종이다. 따라서 눈썹과 아이라인 모두 다크 브라운과 브라운, 라이트 브라운 계열의 색상이 가장 잘 어울린다. 일반적으로 황색인 피부엔 브라운 색상이 잘 어울리지만, 개인에게 가장 잘 어울리는 색은 시술대상자의 머리카락이나 눈썹 색과 가장 비슷한 컬러로 시술하는 것이며 트렌드를 고려하여 유행색을 결정할 수도 있다.

2) 백인피부

백인의 경우 피부가 아이보리 계열의 흰 편이 많으므로 밝은 브라운 계열의 컬러가 무난하며, 눈썹과 아이라인 시술 시 본인의 머리카락이나 눈썹 컬러를 참고하여 염료(색소)를 선택한다. 백인의 피부층은 얇은 편이므로 시술 시 각도는 90도(직각)를 유지하는 것이 좋으며, 브라운 계열의 색소로만 시술하게 되면 색이 탈락되면서 붉은 계열로 변색될 수 있으므로, 브라운 계열에 카키 계열의 컬러를 10분의 1정도 섞어 사용하면 시간이 지나 색이 탈락할 때 붉게 변색되는 것을 방지할 수 있다.

3) 흑인피부

흑인의 경우, 눈썹과 아이라인 시술 시에 시술대상자의 머리카락이나 눈썹 컬러를 보고 색을 선정하여 시술하되, 어두운 브라운 계열의 피부 톤을 가지고 있는 사람들이 많아 본인의 피부 톤보다 조금 더 어두운 컬러로 시술하는 것이 자연스럽고 디자인을 인식할 수 있다.

5. 피부 유형별 시술방법

개인별 피부 특성을 충분히 고려하여 시술을 하기 위해서는 무엇보다 시술 전 충분한 상담이 필요하다. 상담을 통해 고객이 가지고 있는 피부 특성을 정확히 파악해야 하며, 시술자와 시술대상자가 서로에 대한 신뢰를 가질 수 있도록 시술 과정에 대해서도 충분히 설명해야 한다.

- 충분한 상담을 통하여 고객카드를 작성한다.
- 시술 전·후 사진을 반드시 찍어 놓는다.
- 시술대상자의 얼굴형과 피부상태, 나이에 맞게 디자인하고 개인적 취향을 고려한다.

1) 10~20대 피부

- 10~20대의 경우에는 피부가 얇거나 예민할 수 있으므로 깊고 빠른 터치를 피하고, 가벼운 시술로 소프트하게 착색시켜 유지기간이 너무 길지 않도록 시술한다. 유행에 민감한 시기이기 때문에 상담을 통해 원하는 결과물이 나올 수 있도록 디자인 한다.
- 피부 재생속도가 빠른 반면, 표피층이 두껍지 않아 진하게 착색될 수 있으므로 자연스러운 착색을 위해 니들 속도와 깊이 조절을 신중하게 조절하여 시술해야 한다.

2) 30~40대 피부

- 30~40대는 각질주기에 따라 피부가 두껍거나 유분이 많은 경우 염료가 쉽게 착색되지 않으므로, 짧게 천천히 터치하여 원하는 만큼의 색소가 착색될 수 있도록 시술한다. 복합성과 민감한 피부유형이 많으므로 피부에 맞게 시술한다.
- 피부에 유분이 많은 경우 다른 유형의 피부보다 빨리 탈색될 수 있다. 1차 시술 후 결과물에 따라 리터치 시 조금 더 강하고 깊은 터치로 원하는 색소와 컬러를 연출하도록 한다.

3) 50~70대 피부

- 빠른 터치나 강한 시술보다는 부드럽게 시술해야 하며, 표피가 두껍기 때문에 원하지 않는 진한 색소가 남을 수 있다. 복용하는 약이나 질병이 있는지 등에 대해 충분한 상담을 통해 부작용이 없도록 주의한다.

• 이 연령대에는 처음에 연한 색소를 선택하여 시술하여야만, 부자연스럽게 보일 수 있는 현상을 방지할 수 있다. 나이가 들수록 눈썹 색소가 어둡고 진하면 인상이 강해보이고 자연스러워 보이지 않는다.

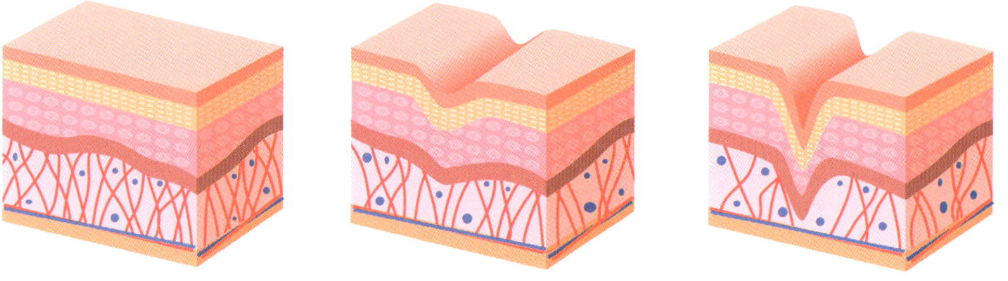

젊은 피부 / 중년 피부 / 노년 피부

〈그림 2-3〉 피부의 노화과정과 변화

TIP 피부 착색 시 주요 요인

반영구 메이크업의 성공 여부는 상처 회복에 따라서 구분해야 하며, 시술 중 피부는 약간의 손상이 있을 수 있다. 반영구 메이크업 시술 깊이에 따라 표피에 상처를 주게 되는데 표피, 진피 둘 다 손상을 입었을 때는 결과물에도 차이가 있을 수 있다. 피부는 재생능력이 있어, 표피만 상처를 입었을 때엔 1~2일 사이에 재생되지만, 상처의 회복이 3~5일 이상 지속 될 시 진피까지 상처를 입힌 것이다.

피부 착색에 영향을 주는 요인

1) 피부두께와 피부유형에 따른 요소(중성, 건성, 지성, 복합성)
2) 색소의 종류와 색상(백인, 황인, 흑인 등에 맞게 선택)
3) 피부 점액
4) 고객의 체온
5) 피부 결합조직
6) 바늘의 깊이

3

제3장
색 채 학

Make Up

제3장

색채학

1. 색채의 정의

색채란 물체에서 보이는 물체의 색을 의미하며 빛이 눈에 자극되어 색을 느낀다. 우리가 살고 있는 여러 환경 요인들 중, 색채는 매우 감각적인 요인으로 인간은 색채 속에서 색채와 더불어 생활하고 우리의 정서상태를 즉각적으로 변화시킨다. 이는 우리가 눈을 뜨고 있을 때 뿐만 아니라 눈을 감고 있을 때에도 색채를 느끼고 색채를 보며 그 속에서 살아간다는 것을 의미한다.

색채는 생활과 밀접한 관계를 가지고 있으며, 광선의 파장이 시각을 통해 감지되는 것으로 색은 빛이며, 물질이고 감각의 세계라고 할 수 있다. 또한 색채는 즐거움이나 슬픔 등과 같은 감정이나 정서를 변화시킬 수 있는 능력이 있어, 마치 눈으로 보는 음악처럼 감정을 풍부하게 한다. 이와 같이 색채는 단순하지만 디자인의 중요한 기초요소이며 디자인이 지닌 기능적, 심미적 특성을 강화시키는 효과를 지니고 있다.

2. 색의 분류

색채의 분류 중 가장 보편적이고 광범위한 방법으로 색의 유·무에 따라 유채색과 무채색으로 구분을 한다. 무채색은 명도에 의해 구분되어지며, 유채색은 이보다는 복합적으로 명도와 채도 그리고 색의 종류에 따라 구분된다.

1) 색의 3속성

인간이 색채를 보고 느끼는 요인은 색의 삼속성에 의거한다. 색의 3속성은 색채를 이해하는 데 있어 가장 기본적이며, 빛의 파장을 나타내는 색상(Hue), 밝고 어두운 정도를 나타내는 명도(Value), 색 파장의 순수한 정도를 나타내는 채도(Chroma)가 있으며, 일반적으로 색채를 지각할 때 항상 이 세 가지를 함께 느끼게 된다.

색채는 파란색-노란색, 밝은 색-어두운 색, 연한 색-진한 색 또는 맑은 색-흐린 색 등으로 표현하여 사용하는데, 이것은 색을 지각하는데 구별되어야 할 성질들을 표현하는 말이다.

① 색상(Hue)

스펙트럼이나 무지개에서 볼 수 있는 빨강, 주황, 노랑 등과 같은 색을 말하는 것으로, 물체의 표면에서 선택적으로 반사되는 색 파장에 의해 색이 결정된다. 스펙트럼으로부터 전개된 많은 색상의 위치와 변화를 쉽게 이해 할 수 있도록 둥근 고리 형태로 배치한 것을 색상환이라고 하며, 이와 같이 색상에 대한 감각의 변화는 둥글게 반복되는 순환성이 있다.

② 명도(Value)

물체의 표면이 모든 빛을 흡수하면 검정색, 반대로 빛을 모두 반사하면 흰색으로 보이는 것으로 색상과는 관계없이 색의 밝고 어두운 정도를 의미한다. 빛이 반사되는 양에 따라 색의 밝고 어두운 정도를 느끼는 것으로 주어진 광원을 중심으로 반사의 정도를 말할 때에는 명도를 밝기(Lightness)라고 표현한다.

③ 채도(Chroma)

색의 파장이 얼마나 강하고 약한가를 느끼는 것으로 색의 순수한 정도, 즉 색의 탁하고 선명한 정도를 나타내는 것이다.

여러 가지 색 파장이 물체의 표면에서 흡수되거나 반사되는 양에 따라 다르게 느껴진다. 따라서 특정한 색 파장이 얼마나 순수하게 반사되는가의 정도에 따라 채도는 달라지며, 진한 색과 연한 색, 흐린 색과 맑은 색 등은 모두 채도를 가리키는 말이다.

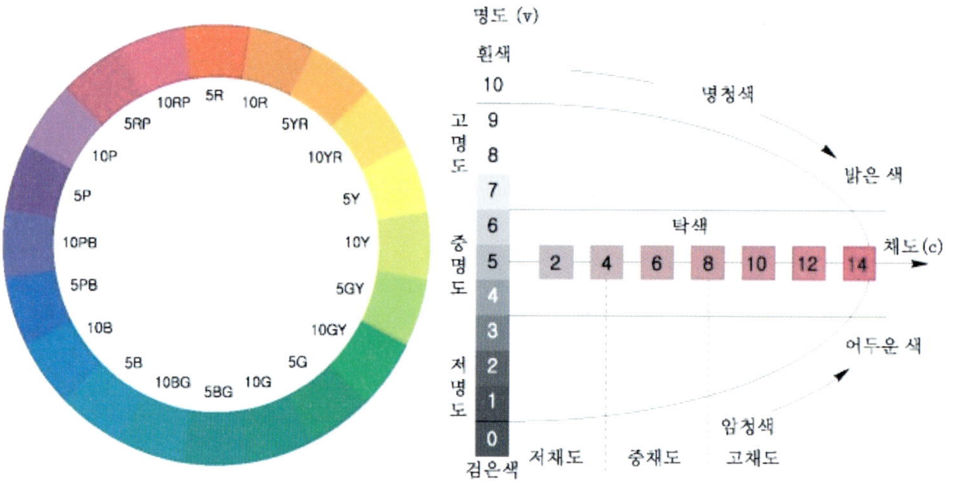

색상환 명도와 채도

〈그림 3-1〉 색의 삼속성

2) 색의 3원색 / 빛의 3원색

빨강, 파랑, 노랑의 3원색을 여러 가지 비율로 섞으면 모든 색상을 만들 수 있는데, 색과 색을 혼합하여 만들 수 없는 3가지의 독립된 색을 의미한다. 더 이상 분해 할 수 없는 순수한 색으로 반영구에서 사용되는 색소는 기본이 되는 블랙과 브라운색에 피부색에 따라 빨강, 파랑, 노랑을 섞어 사용한다. 반영구의 경우 바탕색이 흰색이 아닌 피부색이라는 것을 감안하여 차후 색상을 예상하여 색을 사용해야 한다.

① 빛의 3원색

반사의 과정을 거치지 않고 빛의 색을 직접 보는 것으로 텔레비전 화면이나 모니터 등을 예로 들 수 있으며, 빨강과 초록의 빛을 겹치면 노랑, 빨강과 파랑의 빛을 겹치면 자홍, 초록과 파랑을 겹치면 청록이 나타난다. 물론 빨강과 파랑, 초록을 모두 겹치면 흰색이 나타난다.

빛은 두 가지 색을 겹쳐서 흰색을 만들 수 있는데, 이 둘은 보색이다. 빨강과 초록이 겹쳐진 노랑은 파랑만 겹치면 흰색이 되므로, 노랑과 파랑은 보색 관계이다. 빛의 3원색은 가산혼합으로 겹치는 빛의 수가 많을수록 명도가 높아진다. 이는 각 색광의 에너지가 가산되기 때문이다.

② 색(안료)의 3원색

빨강과 파랑의 색을 섞으면 보라, 빨강과 노랑을 섞으면 주황, 파랑과 노랑을 섞으면 녹색이 나타난다. 물론 빨강과 파랑, 노랑을 모두 섞으면 검정에 가까운 회색이 나타난다. 감법 혼색은 혼합하는 색의 수가 많을수록 명도가 낮아지며, 이는 색을 혼합할수록 그만큼 빛의 양이 줄어서 어두워지기 때문이다. 3원색은 색료의 3원색이라고도 하며, 컬러 슬라이드 필름, 안료, 컬러 인쇄 등에 사용된다.

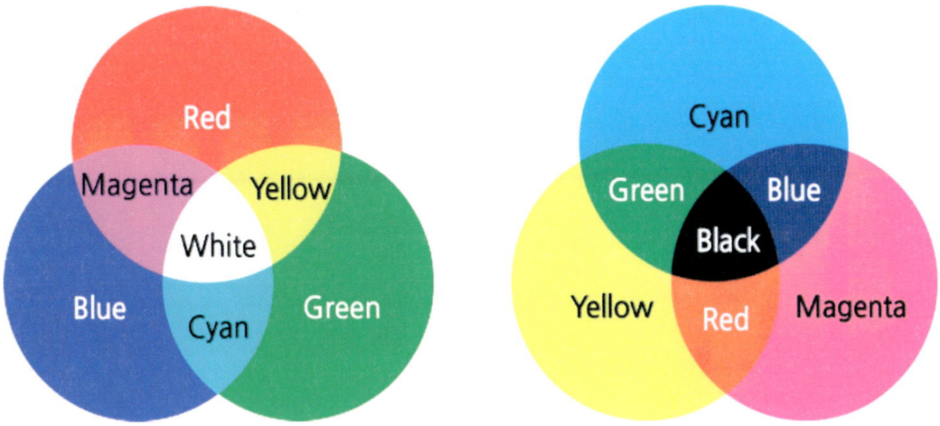

〈그림 3-2〉 빛과 색의 삼원색

3. 퍼스널 컬러

개인의 취향에 따라 좋아 하는 색이 아닌 개인의 특징이나 피부색에 따라 가장 어울리는 색으로 단점을 보완하고 장점을 극대화 시켜준다.

4계절의 이미지인 봄, 여름, 가을, 겨울에 비유하여 개인의 색채 이미지 분류하고 개인에게 잘 어울리는 색상을 제시하는 컬러 분석으로 색채 진단 시스템을 통해 4계절 색채 이미지를 파악할 수 있다. 반영구 메이크업에서도 작은 부분이지만 이미지나 인상을 결정하는 중요한 요소인 만큼 피부색이나 전체적인 이미지와 조화로운 색을 사용하여 만족감을 높여주어야 한다.

〈그림 3-3〉 웜과 쿨 컬러

2) 퍼스널 컬러와 신체 유형

자신의 계절색을 육안으로 측정할 시 가장 빠르게 진단 할 수 있는 방법은 피부색의 색감을 진단하는 방법이고 얼굴에는 피부 외에 눈동자와 눈썹, 입술, 헤어 등 여러가지 요인이 있어 복잡하기는 하지만 얼굴 피부색이 가장 중요하다.

① 얼굴의 피부색과 신체의 피부색 (70%)

헤모글로빈의 붉은색, 멜라닌으로 구성된 갈색, 카로틴의 황색이 겹쳐서 피부색이 나타난다.

② 눈동자 색 (10%)

멜라닌 색소를 함유하고 있는 홍채 부분 = 눈동자색, 홍채 = 색소의 양과 홍채 내에서 색소의 위치, 혈관, 광학적 영향 등에 의해 다양한 색이 나타난다.

③ 머리카락이나 눈썹의 색 (20%)

머리카락과 눈썹 색에 따라 얼굴의 크기나 밝기, 투명도, 혈색 등이 달라 보일 수 있다. 머리카락과 눈썹은 멜라닌 색소의 합성 정도에 따라 결정되며 유행이나 취향에 따라 염색할 수 있으므로 다른 신체 유형에 비해 색을 바꿀 수 있다.

1차 진단 – 피부색만으로 간단하게 진단하는 방법

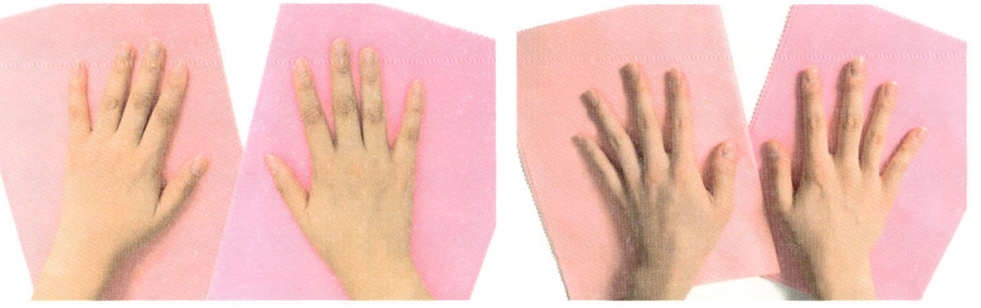

Warm Base　　　　Cool Base

〈그림 3-4〉 피부색에 따른 퍼스널 컬러

4. 반영구 색소배합

1) 색소배합

색소배합 기준은 쿨톤(cool-tone)의 경우 차가운 색을 흡수하므로 따스한 색으로 배합하는 것이 좋으며, 웜톤(warm-tone)의 경우는 따뜻한 색을 흡수하므로 차가운 색을 배합하면 된다. 색소의 종류로는 수성타입의 색소가 피부 흡수가 빠르며, 알코올 향이난다. 또한 유성타입의 색소는 피부에 번짐이 적다. 색소제품은 실온에 보관하며, 색소를 믹스 할 경우에는 같은 타입의 색소제품으로 믹스하는 것이 좋다.

반영구 색소 배합은 피부에 착색이 빠르고 색소의 선명함과 광택이 좋고 변색 잘 되지 않아야 한다. 또한 입술 색소는 수용성 제품으로 착색력이 특히 좋아야 하며, 고밀도의 입자로서 사용하기가 용이하여야 한다.

반영구 화장 색소 선택 시 문신용 안전, 표시 기준에 따라 수은, 납, 구리, 아연, 파라벤, 나프탈렌 등이 불검출되며, 피부 알러지 테스트를 거친 천연 색소 제품을 선택한다.

2) 반영구 색소배합 시 고려 사항

① 색소의 유효기간과 성분을 확인한다.

② 물과 기름, 색소의 혼합이 잘 되는 제품을 선택한다.

③ 색소는 어둡고 시원한 곳에 보관한다.

④ 가능한 자연광이나 밝은 곳에서 배합하여야 정확한 색을 만들 수 있다.

⑤ 피부톤에 따라 쿨톤의 경우 따스한 색으로 배합하고, 웜톤의 경우는 차가운 색을 배합하면 중화된다.

⑥ 색소는 시술하기 전에 배합하여 산화되어 변색되는 것을 방지한다(10분 내외).

⑦ 색소는 2가지 이상의 색을 혼합하므로 잘 섞어서 사용한다.

〈그림 3-5〉 반영구 화장 색소

3) 눈썹의 색소 배합 (헤어라인)

한가지의 색을 사용하기 보다는 색을 배합하여 사용하며 기본색은 검정, 아시안 스모키, 다크 브라운, 브라운 등이며 보조색으로 라이트 브라운, 카키브라운, 토프를 사용한다. 최근 눈썹의 경우 밝은 컬러를 선호하지만 진한색소에 비해 빨리 빠지는 단점이 있다. 헤어라인은 고객의 헤어색상에 맞추어 표현하거나 한톤 어두운색을 선택하며 색소가 빠졌을 때 고객의 헤어 색상과 자연스럽게 매칭된다. 색을 배합한 후에는 손등이나 팔에 색을 테스트해서 고객에게 피부 위에 색이 어떻게 표현되는지 확인하고 시술한다.

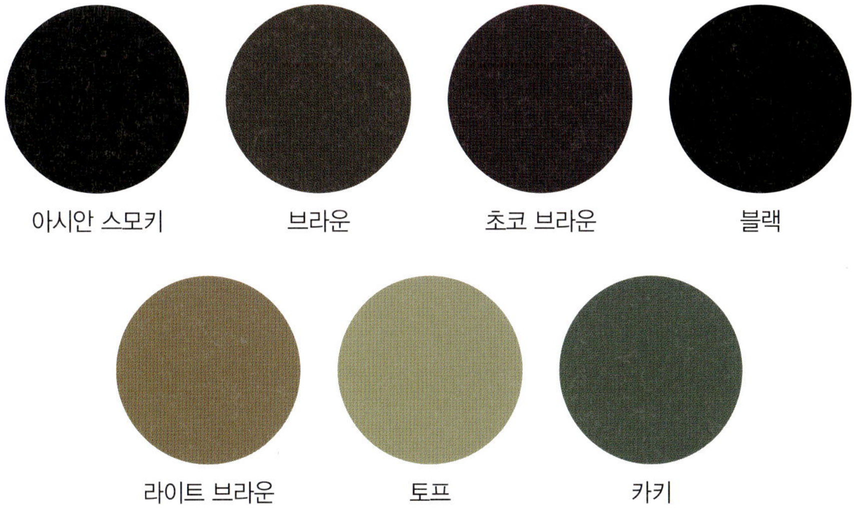

〈그림 3-6〉 눈썹 색소

▸ 검정이나 회색 눈썹 : 눈썹의 경우 피부에서 탈색되면서 푸르게 변화되는 경우가 있다. 따라서 토프를 10%정도 혼합하면 푸른색으로 변색되는 것을 방지 할 수 있다.

블랙 + 다크 브라운 + 토프 　70 : 20 ; 10

다크 브라운 + 블랙 + 흰색 　60 : 20 ; 20

▸ 갈색 눈썹 시술시 : 다크 브라운을 단독으로 사용하거나 브라운 컬러에 청색이나 그린 컬러를 10% 미만으로 혼합하여 시술하면 조금 더 자연스럽게 표현되어진다.

브라운 + 청색이나 그린색 중 피부에 맞는 색상 선택 　90 : 10

▸ 붉은 색 눈썹 중화시 : 토프 믹싱

브라운 + 그린색을 피부에 맞게 양을 조절 90 : 10

▸ 진한 블랙 눈썹을 브라운으로 중화 시 : 토프(노란색 계열)믹싱

브라운 + 레드, 노랑, 그린 중 선택 90 : 10

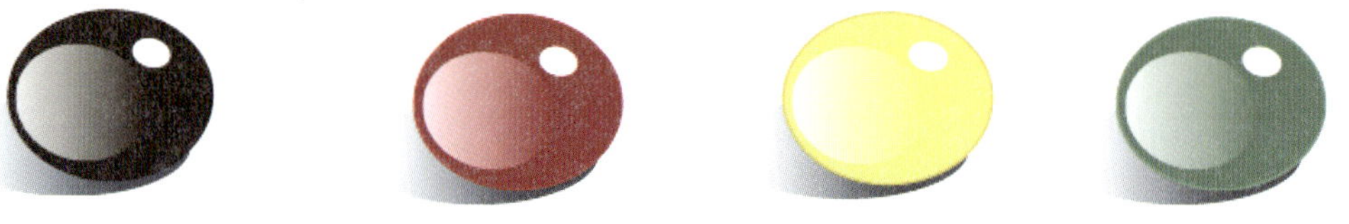

▸ 푸른색, 회색 눈썹을 브라운으로 중화 시 : 오렌지색 믹싱

브라운 + 토프, 오렌지, 레드 중 선택 80 : 20

〈그림 3-7〉 반영구 화장 색소 배합

TIP 눈썹 색소 선택 시 고려 할 점

① 고객의 헤어색상과 눈썹색상 모두와 어울리는 색을 선택한다.
② 고객의 피부색과 눈동자 색을 고려한다.
③ 색소는 기온의 영향을 받고 산화 되므로 시술 바로 전 조색한다.
④ 색소마다 색이 다르므로 제품의 특성을 파악한 후 사용하도록 한다.
⑤ 고객이 원하는 색보다 한톤 어두워야 색이 빠지고 난 뒤 원하는 색과 가깝다는 것을 고객에게 설명하고 인지시킨다.
⑥ 1차 시술시 무리하게 색을 주입하기 보다는 2, 3차 리터치를 통해 자연스럽게 색을 주입하고 착색률을 높이는 것이 안정적이다.
⑦ 고객과 상의하고 시술 전 동의서를 받고 진행한다.

4) 아이라인의 색소 배합

▸ 블랙 앤 블랙색은 선명한 눈매로 아이라인 색소에 가장 적합하다.
단독으로 사용하거나 피부색에 따라 색을 혼합하여 사용한다.

블랙 앤 블랙 다크 브라운 초코 브라운

〈그림 3-8〉 아이라인 색소

검정 + 레드, 노랑, 버블검 중 선택 90 : 10

▸ 브라운색은 부드러운 눈매로 아이라인 색소에 적합하다.

다크 브라운, 초코브라운 + 골드 브라운 80 : 20

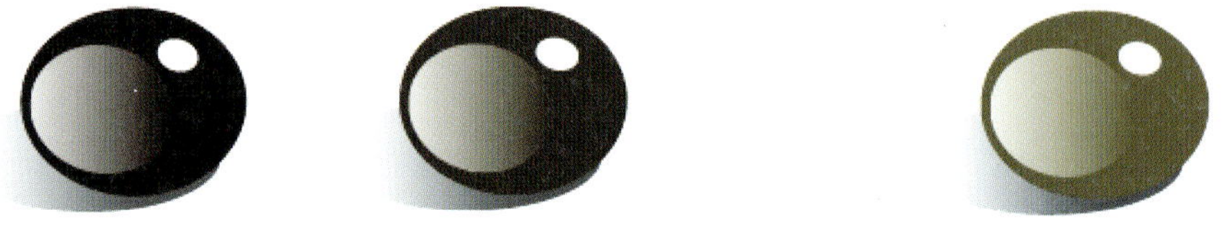

▸ 변색되어 푸른색이 나타나는 것을 방지하기 위해서는 토프나 오렌지색을 혼합하여 시술한다.

검정 + 토프, 오렌지 중 선택 90 : 10

TIP 아이라인 색소 선택 시 고려 할 점

① 고객과 상의 후 원하는 색을 반영하여 선택한다.
② 고객의 피부색과 눈동자 색을 고려한다.
③ 색소는 기온의 영향을 받고 산화 되므로 시술 바로 전 조색한다.
④ 색소마다 색이 다르므로 제품의 특성을 파악한 후 사용하도록 한다.

5) 입술의 색소 배합

- 오렌지색, 레드색, 핑크색은 입술의 기본 색으로서 가장 편하게 사용 할 수 있는 색상으로 피부 타입에 따라서 입술 색을 사용 시 가장 자연스럽게 입술 색을 표현 할 수 있다.
- 입술은 1차 시술로는 50%이상의 착색이 어려우므로 3회 이상 또는 5회 정도의 시술을 해야 입술에 무리가 없이 원하는 색을 얻을 수 있다.
- 검은 입술의 경우 입술색을 중화하기 위해 1차 노란색 – 2차 오렌지 색 – 3차 레드, 오렌지나 핑크(마젠타) 등의 색으로 시술한다.
- 1차 노란색 – 2차 오렌지 색 – 3차 레드, 오렌지 중 선택 4차 원하는 입술 색상 선택

• 입술 시술은 보통 레드 컬러가 가장 예쁘면서 무난하게 표현된다.

• 붉은색 계열에 오렌지색 계열을 섞으면 화사하면서도 청순한 느낌이 난다.

가장 중요한 것은 본인의 입술색, 피부색과 어울리는 색을 고르는 것이며, 입술은 신경이 많이 몰려 있는 부위이므로 의사와의 상담으로 충분한 통증관리를 받는 것이 좋다.

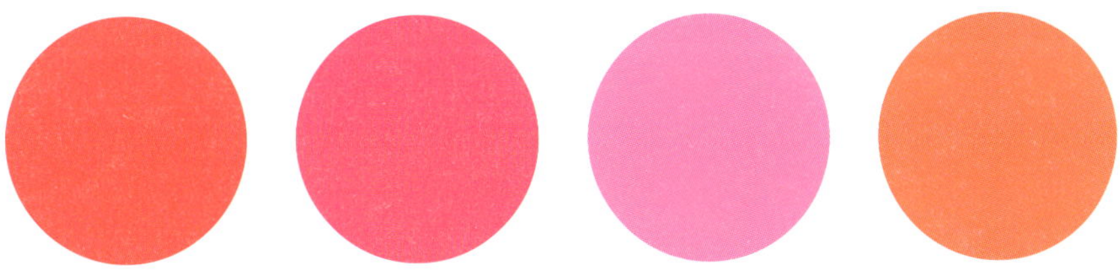

리얼레드 핑크마브 핑크 오렌지

〈그림 3-9〉 입술 색소

▸ 어두운 입술 색상

레드 + 초콜릿 브라운 90 : 10

와인 레드

▶ 밝은 톤의 입술

핑크, 핫 핑크, 마젠타, 리엘 핑크 등을 단독으로 사용

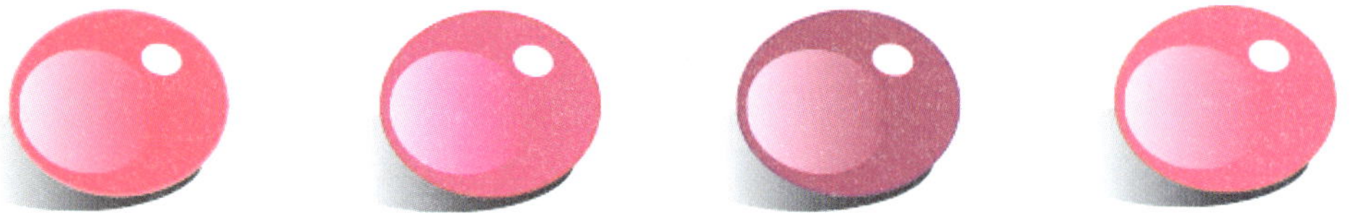

핑크 + 흰색, 노랑 중 선택 90 : 10

TIP 입술 색소 선택 시 고려 할 점

① 고객의 피부색에 어울리는 색을 선택한다.

② 고객의 입술색에 따라 3차 또는 5차의 시술이 필요하므로 고객과 상의한다.

③ 색소는 기온의 영향을 받고 산화 되므로 시술 바로 전 조색한다.

④ 색소마다 색이 다르므로 제품의 특성을 파악한 후 사용하고 피부에 먼저 테스트 후 고객에게 확인을 받고 시술을 시작한다.

⑤ 1차 시술로 무리하게 색을 주입하기 보다는 2, 3차 리터치를 통해 자연스럽게 색을 주입하고 착색률을 높이는 것이 안정적이다.

⑥ 입술은 피부가 얇아 붓거나 피가 날 수 있으므로 시술 후 바로 시술 부위를 진정시킨다.

5. 보조첨가제

1) 수정 및 보조 색소

보조색의 피부색에 따라 사용하며 수정색소는 시술 중 잘못 된 부위에 덧씌워 가려주는 색소로 시술 후 자연스런 색상이 표현되어진다.

2) 색소강화제 : 시술 후 색소가 탈각 후에도 빠져나가지 않도록 도와주는 제품

색소에 섞어서 사용하기 보다는 시술 후에 시술부위에 한번 발라준 후 2~3분 정도 지난 후 닦아준다.

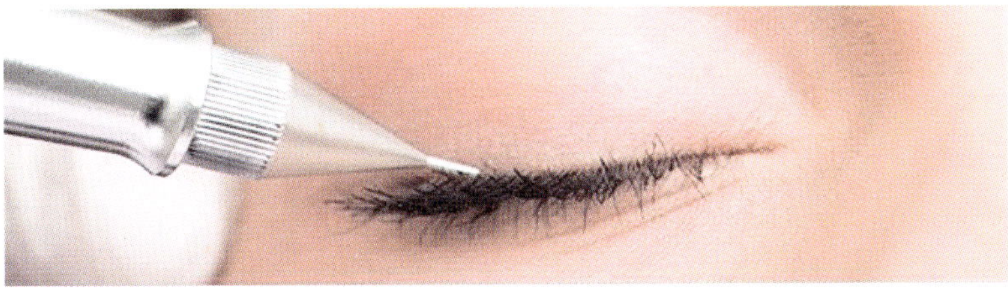

3) 컬러링 솔루션

고농축 색소나 엠보 색소배합 시 컬러링 솔루션을 넣는 이유는 색소가 착색되는 과정을 도와주기 위해서이다. 함유 성분은 99.5%가 글리세린이다 색소를 표피층까지 끌어다주는 견인 역할과 보습효과만 주고 사라진다.

〈그림 3-10〉 수정 및 보조 색소

제4장
반영구 메이크업의 디자인과 관상

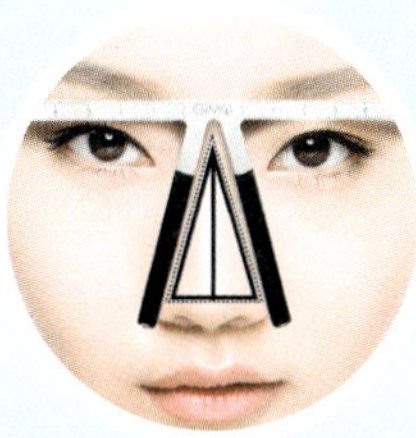

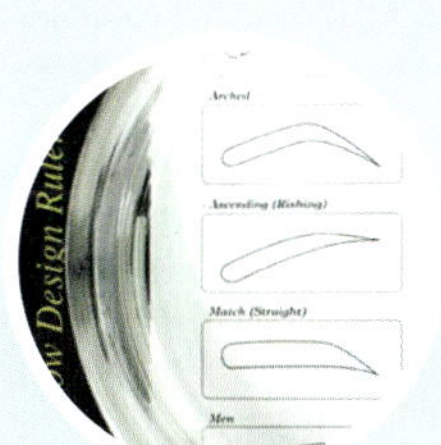

Make Up

제4장 반영구 메이크업의 디자인과 관상

1. 얼굴 균형의 황금 비율법

얼굴의 균형은 골격·피부색 및 이목구비가 중요한 역할을 하지만 이 밖에 주름살·사마귀·점·모발 및 상처의 흔적 등이 얼굴 이미지에 많은 영향을 준다. 예전부터 내려오는 신체의 상은 얼굴·뼈·손·눈썹·코·입·귀·가슴·발의 생김새에 따라 면상(面相)·골상(骨相)·수상(手相)·미상(眉相)·비상(鼻相)·구상(口相)·이상(耳相)·흉상(胸相)·족상(足相)으로 나누어진다.

얼굴의 세로 황금 비율은 얼굴을 3등분 하여, 이마에서 눈썹, 눈썹에서 콧망울, 콧망울에서 턱 선까지이다. 가로의 5등분은 미간을 중심으로 자신의 눈 비율이 5개가 들어갈 때 황금분할이라 한다.

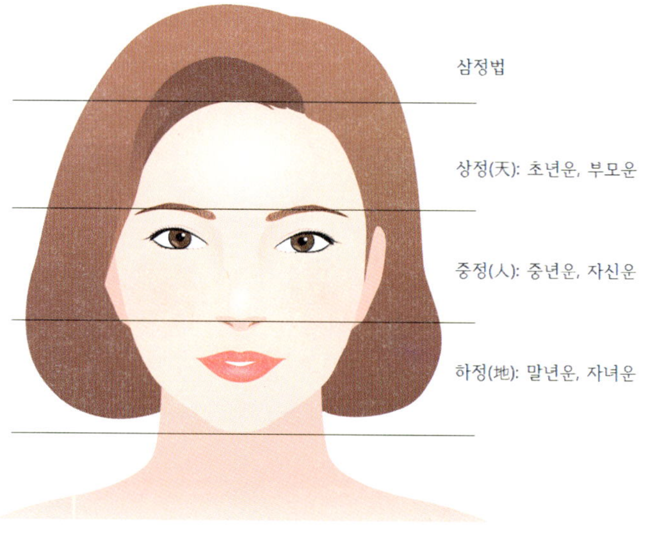

〈그림 4-1〉 얼굴 균형의 황금 비율법

관상은 자신의 노력에 의해 항시 변화할 수 있으며, 고정된 운명이 아니다. 사주나 궁합은 태어난 생년월일시에 따라 고정된 형태로 운을 해석하지만 관상은 내 의지에 따라 변화 시킬 수 있다고 생각한다. 좋은 인상은 좋은 관상으로 변모시켜 내 운의 흐름을 좋은 쪽으로 유도하기 때문에 좋은 관상을 알고 변화시킨다는 것은 나의 운명을 바꿀 수 있기 때문에 중요하다.

얼굴은 나의 모든 것으로 내 마음의 변화에서부터 운의 흐름과 앞으로 닥칠 일까지 모든 것이 나타나기 때문이며 예측이 가능하기 때문이다. 내 마음의 상태에 따라 얼굴이 달라져 보이는 것이다.

관상학에 있어 중요하게 보는 12궁의 위치는 다음과 같다.

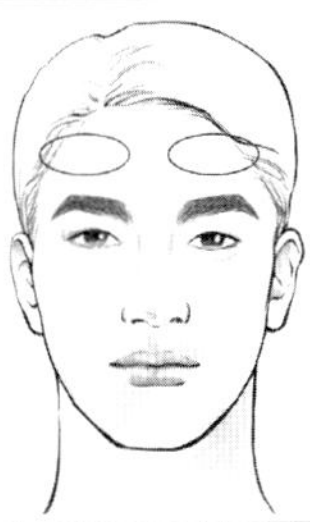	**1. 부모궁** 양쪽 이마를 뜻하며 왼쪽(여성은 오른쪽) 은 아버지, 오른쪽 (여성은 왼쪽)은 어머니를 상징한다. 이마 양쪽에 상처가 없고 두둑하고 높으면 부모님이 오래산다.
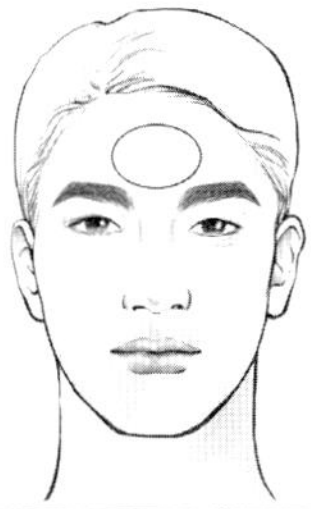	**2. 관록궁** 이마 가운데를 뜻하며 직업운이나 명예운을 판단하는 자리로 흠집 없이 깨끗하고 빛나면 관직이 지속되고 명예를 얻으며 흉터가 있거나 오목하게 들어가 색이 어두우면 좋지 않은 일이 생길 수 있다.
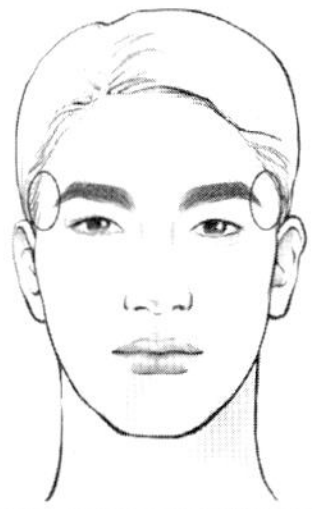	**3. 천이궁** 양이마의 끝부분을 말하며 한사람의 인생에서 일어나는 모든 변화를 보여 주는 자리로 뼈가 튼튼하고 살집이 도톰해 보여야 복이 있다. 이 자리의 색이 변하면 이사, 전직, 여행 등 현재 위치의 변화를 뜻한다.
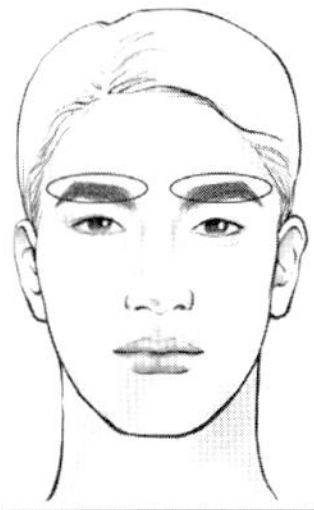	**4. 형제궁** 두 눈썹을 뜻하며 형제 자매의 운을 판단하며 더 크게는 친구, 연고자, 동업자와의 관계를 나타낸다. 눈썹이 가지런하고 끊어짐이 없이 초승달 모양이면 총명하고 형제간의 우애가 좋으며 털이 거꾸로 나거나 서로 뒤엉킨 것은 나쁜 눈썹의 상이다.

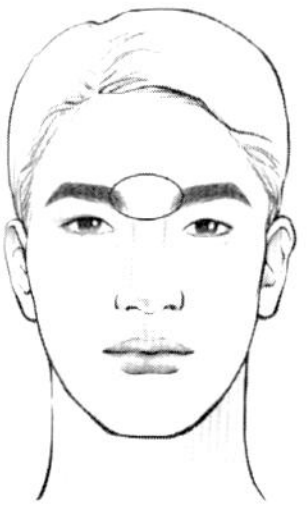

5. 명궁
두 눈썹의 사이를 뜻하며 직업에 관한 운을 판단하는 자리이다.
이 자리가 넓고 두둑하고 윤기가 나면 학문에 통달하고 일찍 성공하며 양 눈썹 사이가 좁으면 답답해 보일뿐 아니라 끈기가 없어 큰 일을 성취하기 어렵다.

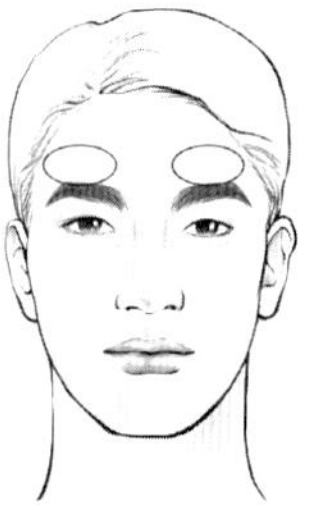

6. 복덕궁
양쪽 눈썹 윗 부분을 뜻하며 복이 많고 적음과 덕이 두텁고 얇음을 판단하는 자리이다.
이 자리에 흠이 없고 깨끗하며 윤기가 있으면 행실이 바르고 대인관계가 원만하여 복과 덕이 많다.

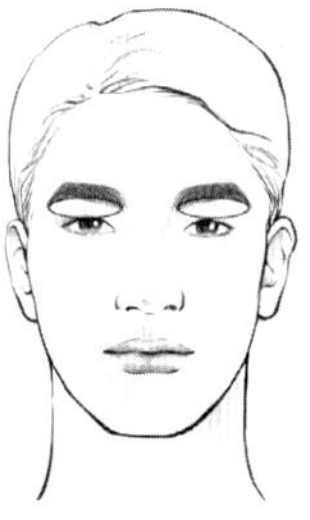

7. 전택궁
눈과 눈썹사이의 눈꺼풀을 뜻하며 재산이 있는지 판단하는 자리이다.
이 자리의 모양이 반듯하면 좋은 집에서 잘 살며 많은 재산을 가진다.

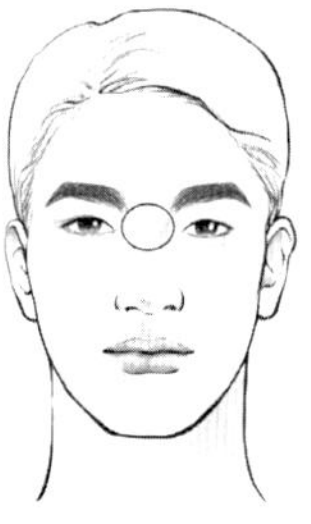

8 질액궁
눈사이의 들어간 부분으로 질병의 액을 판단하는 자리이다. 이 자리의 기운이 좋아야 무병 장수하고 양 쪽 눈 사이가 넓은 여성은 조혼을 한다. 가로 주름이 있으면 예기치 못한 사고를 암시하기 때문에 주름을 없애는 것이 좋다.

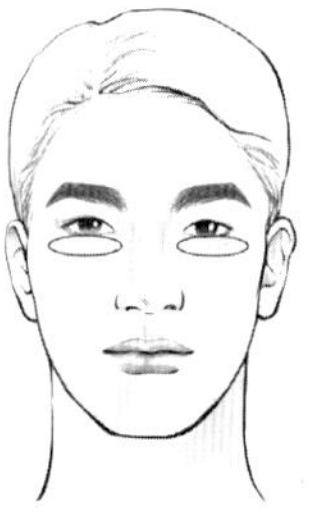

9. 자녀궁
양쪽 눈 아래 부분으로 자녀에 관한 운으로 반듯하고 색이 어둡지 않아야 한다. 임신중 오른쪽이 더 윤기가 나면 남자 아이, 왼쪽이 윤기가 더 나면 여자아이라고 하였다.

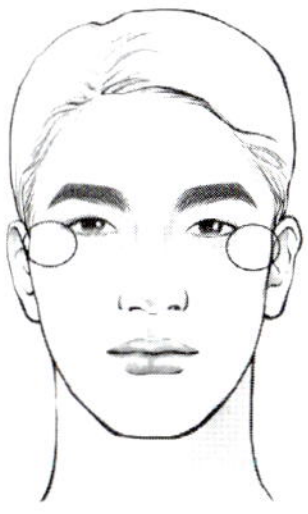

10. 부부궁
양쪽 눈 끝에서 귀 앞머리의 위치로 부부의 운에 해당한다. 이 자리가 윤기 있고 흠이 없으면 배우자 덕이 있고 적당히 살이 있으면 집안에 재물이 넘치고 자손이 번창한다.

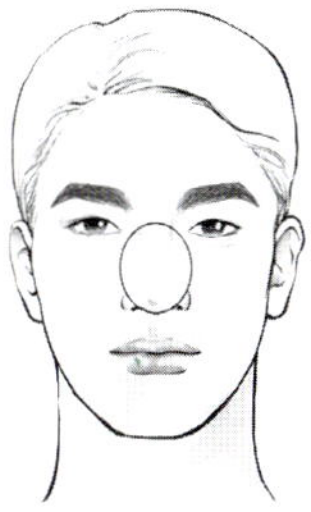

11. 재백궁
코는 중년운을 의미하는 자리로 상하 좌우 균형이 잘 맞아야 한다. 인중을 이루는 위턱뼈의 균형이 중요하며 콧구멍이 들리지 않고 모양이 바르면 재물이 모이고 성격과 기질이 좋다.

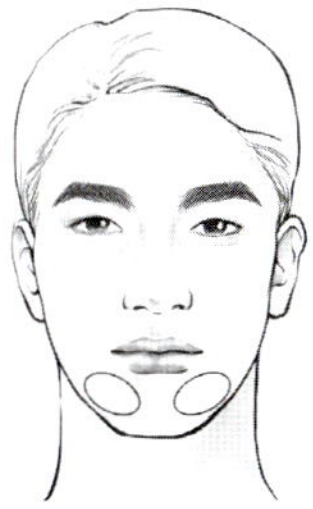

12. 노복궁
아래턱 부분으로 인생의 말년에 해당한다. 턱이 길고 평편할수록 편안한 노후를 보내며 윤기가 있고 색이 밝으면 아랫사람과의 관계가 좋다. 좌우가 삐뚤어지거나 색이 어두우면 인덕이 없다.

2. 얼굴형에 맞는 눈썹과 관상학적 의미

사람의 얼굴은 웃는 얼굴, 우는 얼굴, 찡그린 얼굴, 잘생긴 얼굴, 천진난만한 얼굴 등 갖가지 모습과 감정의 희, 노, 애, 락에 따라 무한한 표현이 가능하여, '천의 얼굴'로 표현된다. 사람의 감성적 표현과 이미지, 개성을 가장 강하게 반영하는 것이 바로 얼굴로 얼굴에는 얼굴형에 맞는 이목구비가 있다. 반영구 시술 시에 얼굴형과 눈, 코, 입의 균형에 맞게 디자인하는 것은 매우 중요하며, 특히 눈썹의 길이와 두께는 얼굴 크기와 형태에 따라 다르게 디자인하여야 한다.

1) 계란형 – 표준형 눈썹, 각이 진 눈썹

표준적인 얼굴형의 기준이 되고 모든 분위기의 연출이 가능한 미인·호남형이다. 침착하고 이지적인 성격을 가지고 있으며, 소란스런 분위기나 환경에 말려들지 않고 자신을 보호하는 방어적인 경향이 있다. 포부가 원대하여, 남자인 경우 무뚝뚝하고 완고하며, 거만해 보일 수 있지만 타인에게 피해를 주지 않는다. 사소한 일에 관심을 두지 않으며, 냉담한 이미지를 주기도하며 때로는 느리고 게으른 성격도 가지고 있다. 일이 급박해지면 서두르는 형이기도 하다. 직업은 규율에 따라 움직이는 공무원이나 관리직이 잘 어울리고 자기가 맡은 직무를 착실히 처리하는 보수적인 성향이다. 대인관계가 원만하고 친근감을 안겨주는 인상으로 좋은 관상이다.

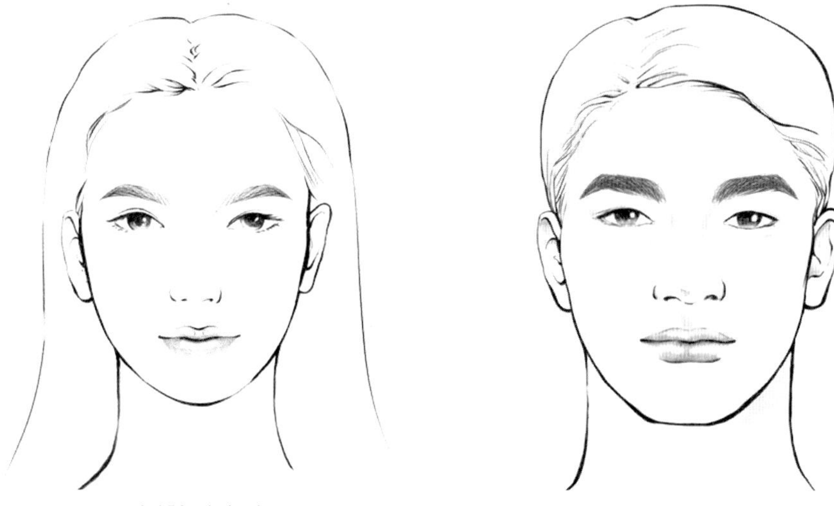

계란형 여자 얼굴　　　　계란형 남자 얼굴

〈그림 4-2〉 계란형 얼굴과 각진형 눈썹

▶ 계란형 얼굴의 눈썹

계란형 얼굴은 미인형 얼굴로 어떠한 눈썹을 하여도 잘 어울린다. 눈썹모양에 따라 계란형 얼굴은 이미지가 달라지는데 부드러운 느낌의 둥근형 눈썹은 인상을 평범해 보이게 하며 단정하고 세련된 느낌을 주는 기본형 눈썹과 살짝 각이 진 눈썹모양은 계란형 얼굴에 개성을 살려주며, 잘 어울린다. 유행하는 트렌디한 눈썹모양을 선택하여도 잘 어울릴 수 있는 얼굴형이다.

▶ 시술방법

시술방법은 유행이나 취향에 따라 엠보, 콤보, 그라데이션 등으로 개인의 피부색에 맞게 시술한다. 피부타입을 고려하여 눈썹 산은 각을 만들어 세련된 이미지를 연출해 주고 너무 각지지 않도록 눈썹산을 부드럽게 굴려준다. 눈썹 끝부분은 깔끔하게 짙은 느낌의 컬러로 착색시켜 깔끔한 이미지를 주고 시술 각도는 90도를 유지한다.

2) 긴형 – 일자형 눈썹

얼굴의 길이가 긴형은 마른 체형이 많고, 조용하고 침착하며 인내심 있고 인자한 느낌이 있다. 얼굴이 길기 때문에 어른스러운 느낌을 주며, 우아하지만 우울함, 우매함 등의 느낌과 함께 나이가 들어 보이는 단점이 있다. 감정이 섬세하고 재치가 있으며 총명하지만 섬세함이 지나치면 매우 예민하여 대인관계가 쉽지 않아 노력을 해야 한다. 한 가지 일에 몰두하는 성격으로 꼼꼼한 일이나 주의력이 필요한 기술직이나 섬세한 작업들이 필요한 예술 방면에서 활동하는 것이 적합하다.

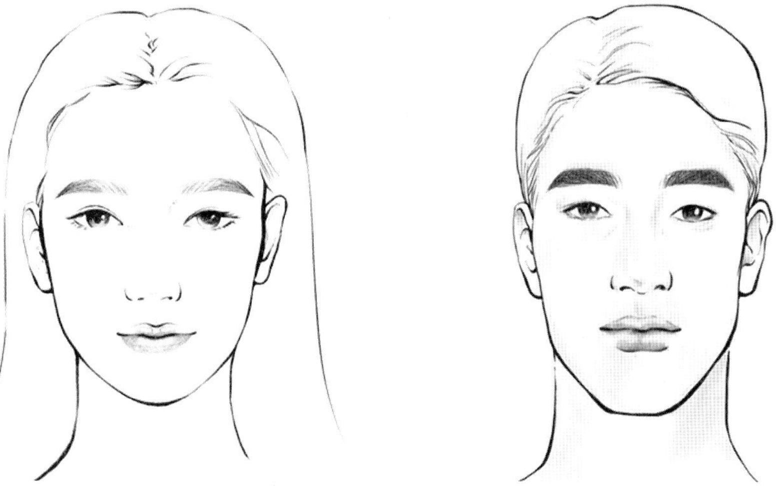

긴형 여자 얼굴　　　　긴형 남자 얼굴

〈그림 4-3〉 긴형 얼굴과 일자형 눈썹

▸ 긴형 얼굴의 눈썹

긴형의 얼굴은 성숙한 느낌으로 활동적인 느낌이 있으며, 일자형으로 눈썹을 그려서 강하게 보이는 얼굴이미지를 부드럽고 사랑스럽게 이미지화 한다. 올라가거나 처진 눈썹 모양은 긴 얼굴을 더 강조하게 되므로, 긴 얼굴형이나 폭이 좁은 얼굴에는 산이 많이 표현되지 않는 일자형 눈썹을 하여 단점을 보완한다.

▸ 시술방법

디자인 되어있는 일자모양의 눈썹 전체를 피부색과 피부타입을 잘 고려하여 부드러운 색상으로 착색시키고, 눈썹 앞부분은 각 개인의 눈썹 결을 최대한 살려서 살짝 짙은 느낌이 들도록 시술한다.

시술 각도는 전체를 90도로 하고, 컬러를 단독으로 짙은 컬러와 옅은 컬러 등 3가지 정도를 서로 교차시켜 시술하면서 자연스럽게 믹스된 느낌이 들도록 한다. 색을 교차하여 사용하여야 딱딱하지 않고 부드럽고 생동감 넘치는 일자형 눈썹이 자연스럽게 연출된다.

3) 역삼각형 – 둥근형 눈썹, 눈썹산을 올리고 가늘고 길게

이마가 넓고 눈 사이가 멀며 턱 선이 좁고 광대뼈가 높은 얼굴형으로 젊은 여성일 경우 소녀다운 이미지가 있으며 사진이 잘 받는 특징을 갖고 있다.

머리가 좋고 고독을 즐기는 성격으로 육체노동 보다는 두뇌 노동이 적합하다. 상대방과 교섭할 때는 억지나 뱃심으로 밀어붙이는 것이 아니라, 이치를 따져서 진행하는 타입으로 교육자나 문학가, 종교, 예술 방면에 적합하다. 많은 사람들을 만나더라도 서로 사이가 좋고, 조직이나 직장에서는 높은 관직에 오르게 되는 상이며, 얼굴도 준수하고 사람됨이 총명하며 고상한 관상이다. 깨끗한 것을 좋아하지만 성격이 다소 급하고 까다로운 편이다.

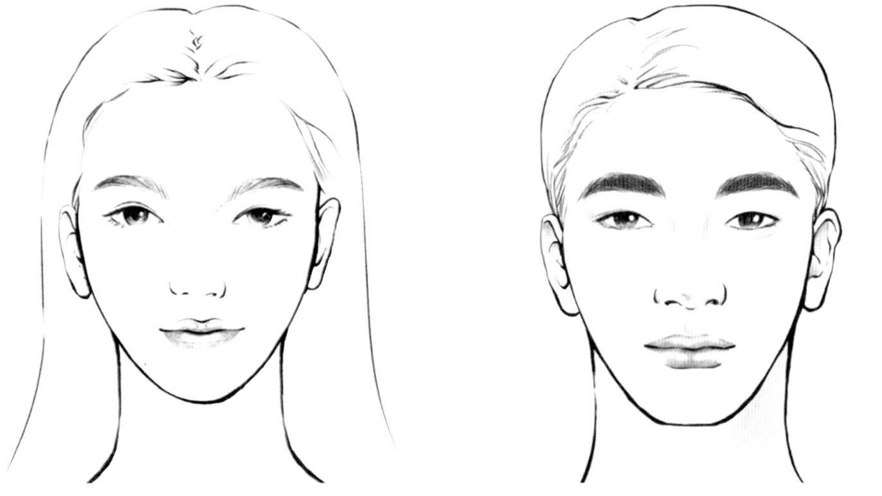

역삼각형 여자 얼굴　　　역삼각형 남자 얼굴

〈그림 4-4〉 역삼각형 얼굴과 둥근형 눈썹

▶ 역삼각형 얼굴의 눈썹

역삼각형의 얼굴은 이마 부분이 넓고 아래로 갈수록 점점 좁아져 하관이 빠르고 턱이 뾰족한 얼굴형으로 계란형 얼굴형과 비슷해 보일수 있지만 그 보다는 날카로운 이미지를 줄 수 있다. 둥근형이나 아치형눈썹을 그려서 날카로워 보이는 이미지를 부드럽고 사랑스러운 얼굴로 보이도록 한다. 둥근형 눈썹은 마치 초승달 같이 생긴 모양으로 눈썹이 맑고 수려하여 얼굴전체에 조화를 이루어 인상을 좋게하고, 또한 눈썹이 높게 위치하면 더욱 좋은 기력으로 여겨지기 때문에, 각진 눈썹 산 보다는 곡선으로 부드럽게 표현해주면 인상이 더 좋게 느껴진다.

▶ 시술방법

날카로운 이미지를 보완하고 부드러운 이미지를 연출하기 위해 디자인 한 곡선 모양의 눈썹을 한 가닥 한 가닥 눈썹을 심어주듯이 그려서 시술한다. 45도 각도로 깊지 않게 시술해야 자연스런 컬러로 착색되어 자리를 잡는다. 각 개인의 피부색과 피부타입을 잘 고려하여 본인의 눈썹 컬러와 최대한 비슷한 색상으로 자연스럽게 시술한다.

4) 둥근형 – 상승형 눈썹, 눈썹산은 올리고 짧게

둥글고 통통한 얼굴로 귀엽고 어려보이는 반면 둔해 보일 수 있는 단점이 있다. 뺨, 턱, 이마가 둥글며 짧고 넓은 유형으로 성숙한 이미지의 화장이 필요한 경우, 세로 선이나 상승선을 이용해 둥근 얼굴형이 가름해 보이도록 한다. 성격이 원만하여 타인과 융합하여 일을 할 수 있는 호인형으로 명랑하고 낙천적인 성격이다. 일을 진행하며 자신의 주장을 고집하기 보다는 남의 의견에 흡수되어 자기의 주장을 믿고 나아가지 못하는 성향이 있다. 얼굴이 둥글기 때문에 한 곳에 머물러 있기 보다는 두루두루 활동적으로 움직이는 것을 좋아하며 순간적인 재치를 필요로 하는 직업에 뛰어난 재능을 보이기 때문에 영업직이나 홍보직이 잘 어울린다. 수양하거나 평상심을 유지할 때는 마음을 굳게 하여 사각지게 만드는 것이 중요한데, 마음을 굳게 하면 본인의 의지대로 행동할 수 있다. 또한 원만한 이미지로 인해 주변 사람들과 잘 지내며, 대체적으로 형제 운이 좋고 건강하며 수명이 길다.

▶ 둥근형 얼굴의 눈썹

둥근형의 얼굴에는 상승형이나 각진형 등의 도전적이고 날카로운 눈썹이 잘 어울린다. 직선적인 형태의 눈썹은 남성적인 느낌에 시원함을 더해주어 눈썹을 가지런히 짙게 연출해 주는 상승형 눈썹과 약간 사선형 형태의 각진눈썹이 갸름한 얼굴로 보여지게 한다. 둥근형의 얼굴에 일자형 눈썹을 하게 되면, 얼굴은 더 넓고 펑펑해 보이게 하므로 일자형 눈썹은 피하는 것이 좋다.

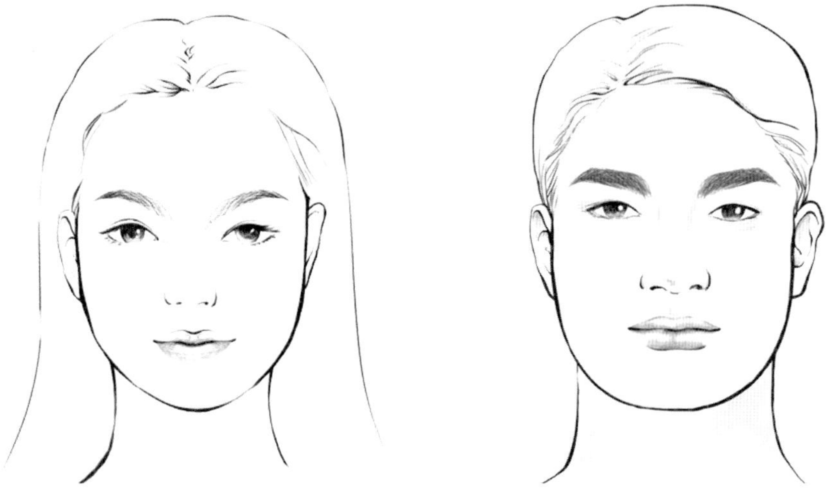

둥근형 여자 얼굴 둥근형 남자 얼굴

〈그림 4-5〉 둥근형 얼굴과 상승형 눈썹

▶ 시술방법

관상학적으로 눈썹의 길이가 길면 운이 좋다고 하지만, 둥근 얼굴은 눈썹이 길면 얼굴이 더 넓어 보이기 때문에 전체적인 비례를 고려하여 기본 길이보다 길게 그리지 않는다. 눈썹 앞부분부터 흐리게 착색시키다가 끝으로 갈수록 진하게 표현하며 그 위를 넓은 간격으로 한 가닥씩 시술한다. 시술 각도는 90도를 유지하고, 눈썹 끝 윗부분을 너무 깊지 않게 시술하여 시선이 얼굴 외곽으로 가지 않도록 한다.

5) 사각형 – 아치형 눈썹, 부드러운 둥근 눈썹

얼굴이 넓고 각이 져 있으며 근골질의 사람으로 사각 얼굴형의 사람은 마음의 바탕에도 규모가 있고 반듯하여 원칙을 중요시한다. 또한 이성적인 타입으로 자신이 맞다고 생각하면 남과 타협하기보다는 자신의 결정과 주장을 고수하여 의견을 바꾸지 않는다. 하지만 타인의 주장이나 뜻이 대의에 합당할 때 적극적으로 수용하는 합리성을 가지고 있다. 융통성보다는 정면으로 돌파하는 과감성이 두드러지는 성격이다. 이목구비와 광대뼈가 발달하여 강한 인상을 주는 사각 얼굴형은 부지런하며 경제적 활동 규모도 커서 부를 축적하는데 능하여 사업이나 부동산에 관심이 많다. 이재에 능하기 때문에 일생 의식주를 걱정하지 않으며, 관계, 경제계에서 모두 성공할 상이다.

사각형 여자 얼굴 사각형 남자 얼굴

〈그림 4-6〉 사각형 얼굴과 아치형 눈썹

▶ 사각형 얼굴의 눈썹

사각형의 얼굴 눈썹 모양은 얼굴 크기에 비례하여 눈썹의 두께를 조정해서 디자인한다. 가늘고 얇은 모양과 너무 각이 진 눈썹은 얼굴이 더 커보이고 넓어 보이게 할 수 있으므로, 고전적인 이미지로 얼굴이 길어 보이는 효과가 있는 부드러운 색상의 도톰한 아치형 눈썹 모양이 잘 어울린다.

▶ 시술방법

피부색과 피부타입을 고려하여 부드러운 느낌이 드는 컬러를 선택하여 한 올 한 올 시술하고 얼굴 크기의 비례를 고려하여 기본 눈썹보다는 길게 디자인 한다. 관상학적으로도 길고 수려하게 눈썹을 표현하는 것이 좋지만 눈썹으로 인해 얼굴이 더 넓어보이는 것을 방지하기 위해 눈썹색상과 눈썹두께를 고려하여 디자인한다. 각 개인의 피부색과 피부타입을 최대한 잘 고려하여 시술하고 이마가 넓은 경우 눈썹 산을 조금 앞으로 그리면 넓어 보이는 이마의 단점을 커버할 수 있다.

6) 다이아몬드형 – 아치형 눈썹

좁고 뾰족한 이마와 턱, 넓고 돌출한 광대뼈가 특징이다. 얼굴형에 따른 이미지가 예리하고 강하며 신경질적이고 날카로운 느낌을 주므로 눈썹은 온화한 느낌으로 유도하기를 권하고 있다. 의지가 강하고 근면하지만 한 가지 일에 몰두하면 어려운 장애나 남의 이목에 개의치 않고 계획대로 추진하는 끈기가 있다. 광대뼈가 발달해 있지만 턱은 좁아지기 때문에 세련된 이미지를 주는 얼굴형으로 이목구비에 따라 강한 인상을 줄 수도 있으며 연출하기에 따라 이미지가 달라질 수 있는 얼굴형이다.

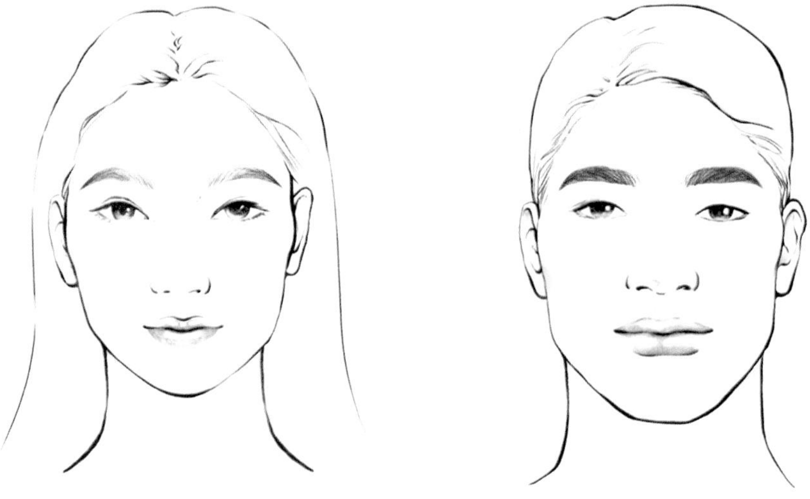

다이아몬드형 여자 얼굴 다이아몬드형 남자 얼굴

〈그림 4-7〉 다이아몬드형 얼굴과 기본 아치형 눈썹

▸ 다이아몬드형 얼굴의 눈썹

다이아몬드 얼굴형은 광대뼈를 부각 시키지 않고 다소 완만해 보일 수 있도록 눈썹을 아치형으로 하여 눈썹길이가 기본보다 살짝 길게하여 부드러운 얼굴로 이미지화 한다. 각이 진 눈썹은 얼굴을 더 넓어 보이게 하므로 기본형 눈썹에 살짝 아치형으로 디자인 한다. 기본형 눈썹에 약간 곡선적인 아치형 눈썹은 부담 없이 편한 느낌으로 다이아몬드 얼굴형에 무난하게 잘 어울린다.

▸ 시술방법

자연스런 눈썹을 시술하기 위해 그라데이션 기법으로 디자인하거나 콤보 기법으로 드로잉하여 피부색과 피부타입을 잘 고려하여 알맞은 컬러를 선택한 후 자연스럽게 착색시킨다. 눈썹 앞부분은 각 개인의 눈썹결을 살려 10가닥 정도를 같이 흡수시켜 90도 각도로 시술한 후 나머지 부분부터는 70도 각도로 살짝 대각선으로 시술하고, 중간부터 끝부분까지는 짙은 느낌으로 시술하지만 90도 각도를 유지한다. 90도 각도 시술은 시술 후 피부 안에서 색소 퍼짐과 변색을 예방할 수 있는 각도이기 때문에 각질 탈락이 많이 되지만 안전하게 시술을 마무리할 수 있으며, 시간이 지나도 색번짐이 적다.

3. 눈썹 디자인

눈썹화장의 이미지를 좌우하는 요인들로는 눈썹 색상, 눈과 눈썹의 공간, 눈썹의 위치, 눈썹의 각도, 눈썹의 두께, 눈썹의 길이, 눈썹 산의 위치 등이 있다.

TIP 눈썹 디자인 보조기구

좌우대칭을 맞추어 눈썹을 그리기 위한 보조기구를 사용하면 얼굴형에 맞게 밸런스를 맞추어 눈썹을 그릴 수 있다. 눈썹을 그리기 위한 보조기구는 눈썹모양별 스텐실, 눈썹 고무판, 눈썹밸런스 대칭자, 눈썹밸런스 룰러 대칭자, 눈썹스티커 등이 있으며, 반영구 뿐 아니라 메이크업을 할 때에도 안정적으로 눈썹을 그리는데 도움이 된다. (출처: 조은뷰티)

① 미간의 중앙 위치

코끝에서 인중을 중심으로 일직선 올라가 미간 중앙의 위치를 선정한다. 얼굴형이나 이목구비의 좌우대칭을 고려하여 중앙의 위치를 정해야 밸런스를 맞추어 눈썹을 디자인할 수 있다.

② 눈썹앞머리의 위치

미간 중앙에서 양쪽으로 여성의 경우엔 1cm씩, 남성의 경우엔 1.2~1.5cm 위치에 표시하거나 디자인 펜슬을 콧망울에 대고 일직선으로 올라간 곳에 눈썹 앞머리의 위치를 선정한다.

③ 눈썹의 길이

여자 눈썹 : 5~5.5센치로 가로 길이 표시

남자 눈썹 : 5.4~6센치로 가로 길이 표시

〈그림 4-8〉에서 콧볼에서 눈꼬리 지점을 사선으로 연결했을 때의 위치이다.

④ 눈썹산의 위치

눈썹의 길이가 5센치일 경우 3.5센치 정도의 위치가 눈썹산으로 적당하다.

디자인 자가 없을 경우 눈동자의 가장 바깥쪽 끝지점의 위치가 눈썹산이 된다.

⑤ 눈썹꼬리의 위치

눈썹 앞머리의 밑선보다 눈썹의 꼬리가 쳐지지 않도록 주의한다.

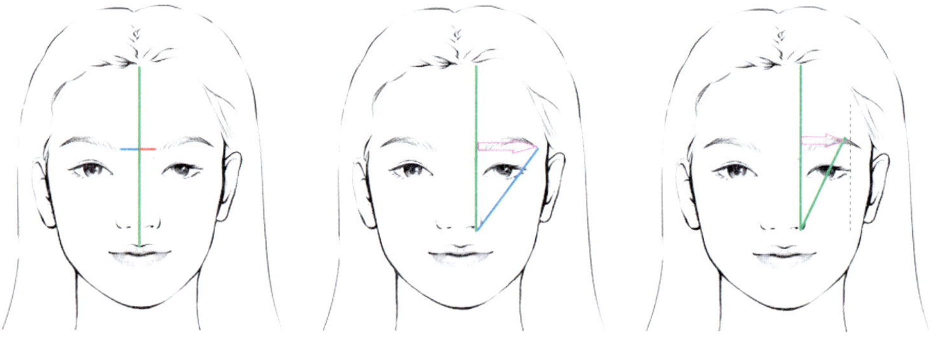

눈썹 앞머리의 위치 　 눈썹의 길이 　 눈썹산의 위치

〈그림 4-8〉 눈썹 디자인

4. 눈썹의 관상학적 의미

시대와 유행에 따라 눈썹의 모양은 다양하게 변하기 때문에 여성들은 화장, 염색, 문신, 퍼머 등으로 눈썹을 관리하고 있다. 하지만 잘못 시술한 문신이나 퍼머넌트 메이크업은 눈썹을 상하게 할 뿐만 아니라 현재 운기의 흐름에도 영향을 미칠 수 있기 때문에 신중히 생각해야 한다. 관상학적으로 눈썹은 생체 에너지의 기회가 나타내는 중요한 위치로 '사람의 운명을 이끄는 힘은 좋은 눈썹으로부터 나온다' 라고 한다. 또한 눈썹은 교감·부교감 신경계와 연계되어 있어 우리의 건강을 자율적으로 관리하는 역할을 담당하며 자신에게 어울리는 눈썹의 선택은 건강이나 운기의 흐름을 더 이롭게 할 수 있다.

1) 관상에서 눈썹의 의미

① 눈썹의 길이

눈썹은 길이가 길수록 관상이 좋아지며 곧고 단정해야 이롭다고 하였다. 눈썹은 '집의 지붕'과 같은 역할을 하므로, 지붕이 짧아 집을 제대로 덮지 못하면 비바람을 제대로 막지 못하기 때문에 풍파가 많다고 한다.

② 눈썹의 숱

여자의 경우, 눈썹 숱이 없는 여자들은 남편과 자식 복이 없고 재운이 부족해서 삶이 고단하다고 한다. 따라서 과거 관상에서는 눈썹선이 흐리면 검은 숯검정으로 눈썹을 그려운을 가져오도록 하고 눈썹 술이 적고 지저분해 보이면 미적으로도 깔끔해 보이지 않기 때문에 이목구비가 뚜렷해 보이도록 그려준다.

③ 눈썹의 청결함

눈썹의 길이가 길고 깨끗한 사람은 좋은 배우자를 만날 수 있고, 관상학적으로도 좋은 눈썹이다. 눈썹이 짧고 거칠며 지저분한 사람은 그만큼 삶의 풍파가 많으며, 보기에도 이미지가 정돈되어 보이지 않아 눈썹선을 정리하여 청결해 보이도록 한다.

기본형 눈썹
모든 얼굴형에 잘 어울리는 눈썹 형태이며 자연스럽고 부드러운 이미지를 준다.

여성 일자형 눈썹
중성적인 이미지와 동안 이미지에 잘 어울릴 수 있는 눈썹 형태이다.

남성 일자형 눈썹
여성 눈썹보다 1~2mm 두껍고 길게 그려준다. 강인한 남성의 의지와 사회활동에 도움이 되는 눈썹 형태의 이미지이다.

〈그림 4-9〉 기본 눈썹의 형태

2) 관상학적으로 좋은 눈썹

눈썹이 곧고 단정하며 초승달처럼 가지런한 예쁜 사람은 형제간의 우애가 좋고, 사람을 다정하게 잘 챙긴다. 관상학적으로 좋은 눈썹은 감수성이 풍부하여 예술 방면의 능력과 글 재주가 뛰어나다고 한다.

① 눈썹은 눈보다 길고 너무 두껍지 않아야 한다.

② 눈 위에 지붕과 같이 높게 위치하여 눈의 기운을 보호해야 한다.

③ 눈썹의 결은 가지런하게 정돈되어 있고 너무 빽빽하지 않아야 한다.

④ 양 눈썹 사이는 손가락 두 개 정도가 들어갈 정도로 넓어야 관상의 운기가 좋으며 미간은 명당의 자리이기 때문에 이 부분을 단정하게 하여 좋은 기운을 침해하지 않아야 한다.

3) 관상학적으로 안 좋은 눈썹

눈썹이 가지런하지 않고 산란하며, 숱이 너무 적거나 많아서 거칠고 지저분해 보이면, 형제의 인연이 박할뿐 아니라 참을성도 없고 융통성도 없다고 한다. 또한 이해심도 부족해서 형제를 포함한 주변과 구설수에 휘말리고, 따르는 사람도 없어 외로울 수 있다.

양쪽 눈썹 모양이 좌우대칭이 아니고 다른 경우와 눈썹 끝이 갈라진 경우에는 이복형제를 둘 가능성이 높고, 눈썹이 중간에 끊어지면 형제간 이별이나 사별 등으로 떨어져 살게 될 가능성이 높다. 눈썹머리가 짐승이 화났을 때 털이 서는 것처럼 거슬러 난 사람은 자기만을 생각하고 쉽게 화를 내는 경우가 많아 형제나 대인관계에서도 자신의 주장과 자기 자신만을 내세우며, 형제간의 우애나 타인에 대한 배려가 없어 적을 많이 만들어 인덕이 없으며, 부하를 두더라도 심복을 두지 못할 가능성이 높다고 한다.

① 눈썹선이 정확하지 않고 흩어진 눈썹
② 이어지지 않고 끊어지거나 짧은 눈썹
③ 눈썹이 눈 위에 가까이 위치하여 눈의 기운을 누르는 눈썹
④ 눈썹이 거꾸로 거슬러난 눈썹
⑤ 양 눈썹이 서로 붙은 눈썹
⑥ 숱이 없는 눈썹
⑦ 거칠고 지저분한 눈썹

4) 다양한 눈썹형태의 관상학적 의미

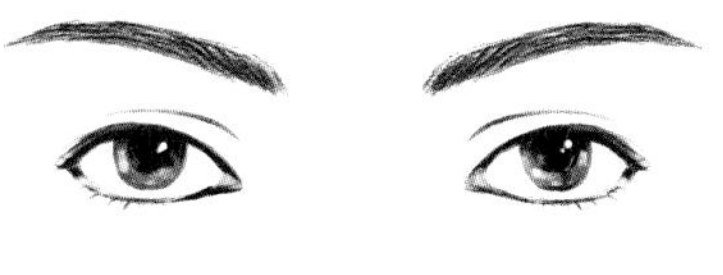	**위를 향한 눈썹** 매사 분명하고 확실한 성격이며, 혈기가 왕성하여 지치지 않는다. 적극적이고 실행력이 있으며 남성적 시원한 느낌과 날카로운 이미지를 동시에 가지고 있어 둥근형과 정방형 얼굴에 어울린다. 도발적인 이미지와 관능적인 이미지로 세련된 이미지의 눈썹 형태이다.
	**좌우가 이어진 눈썹** 결단력이 있고 강한 의지의 소유자이다. 사회적인 성취욕이 강하며, 주위와 충돌을 일으키기 쉬우니 주의해야 한다. 촌스럽고 지저분해 보일 수 있으므로 필요 없는 부분의 눈썹은 정리를 하는 것이 좋다. 미간(명궁)은 깨끗한 것이 관상학적으로 좋다.

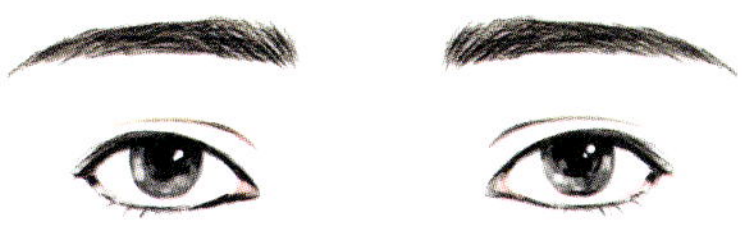

아래를 향한 눈썹

온순하지만 자신의 의견을 말하는 성격으로서, 조용하고 부드러운 성격의 소유자이다.

눈꼬리가 처져있어 자칫 아둔해 보일 수 있으므로, 처진 꼬리부분을 제거한 후 아치형 눈썹으로 연출하는 것이 좋다.

짧은 눈썹

남성의 경우 밖으로 드러나는 성격은 급하지만 내면은 부드러운 사람이며, 여성 또한 내조하는 스타일로 개성이 강하고 독립적인 성격이다.

눈썹으로 인해 얼굴윤곽이 살지 못하며 눈매 또한 또렷해 보이지 않을 수 있다. 짧은 눈썹의 경우 꼬리부분을 살려 눈의 크기에 맞추어 그려주는 것이 좋다.

긴 눈썹

어른스럽고 보수적인 성격의 소유자로 배려심이 있고 사회성이 좋다. 긴 눈썹은 시원한 인상이지만, 날카롭고 고전적인 이미지가 나타나는 얼굴로 나이가 들어 보일 수 있다. 우아하고 여성적인 눈썹으로 성숙하고 아름다운 얼굴 이미지의 눈썹 형태이다.

이어지지 않고 끊어진 눈썹

직감력이 뛰어나고 아이디어의 발상이 뛰어나다. 하지만 인내력이 없어서 일을 끝까지 잘 해내지 못하는 편이다.

자칫 지저분해 보일 수 있는 이미지가 연출이 될 수 있으므로 단정하게 끊어진 눈썹을 채워 그리는 것이 좋다.

짙은 눈썹

이성을 진지하게 생각하는 성실한 타입이다. 강한 이미지처럼 부모님을 돌보면서 어려운 일을 도맡아 해나가는 적극적이며 의지가 강한 성격이다.

단정하고 세련된 느낌을 주며 둥근형의 얼굴에 잘 어울린다. 숱만 정리를 해도 안정적으로 보일 수 있다.

점 · 사마귀가 있는 눈썹

30세에 인생의 커다란 전환점이 생기며, 일에는 성공수가 있지만 가족들에게 도움을 받기는 어렵다.

점 또는 사마귀가 눈썹에 있으면 촌스러워 보이기 때문에 커버업으로 최대한 가려주는 것이 좋다.

〈그림 4-10〉 기본 눈썹의 형태

▶ 여자 눈썹 디자인 연습하기

여자 기본형 : 눈썹산은 2/3 위치 또는 얼굴형에 따라 1~2mm정도 뒤에 위치

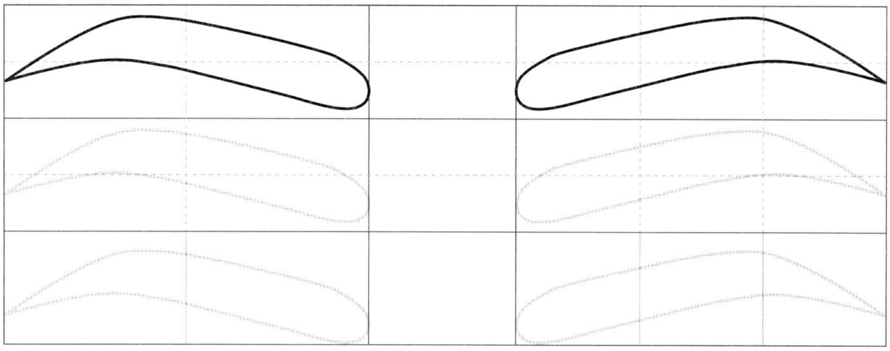

여자 아치형 : 눈썹산은 1/2~2/3 사이에 위치

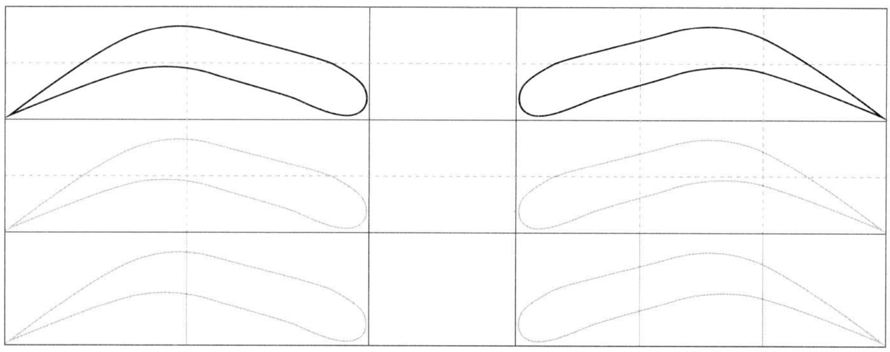

여자 둥근형 : 눈썹산은 1/2정도에 위치

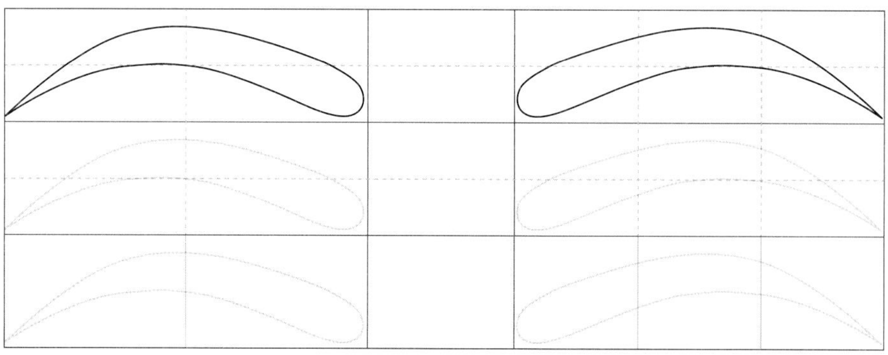

여자 일자형 : 눈썹산은 3/4 지점에 위치

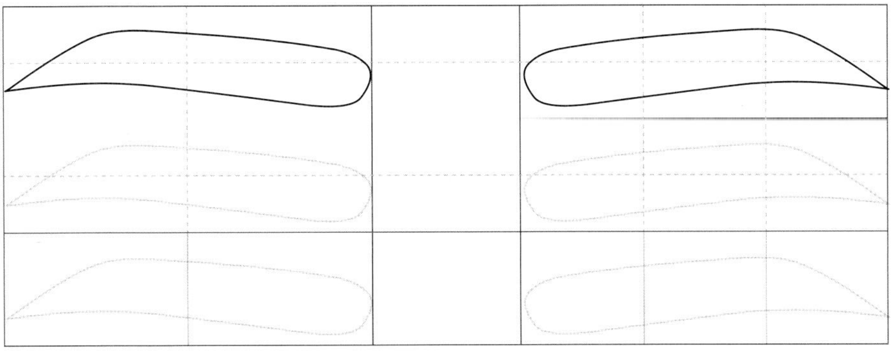

여자 각진형 : 눈썹산은 2/3 지점에 위치, 눈썹산을 높게 위치

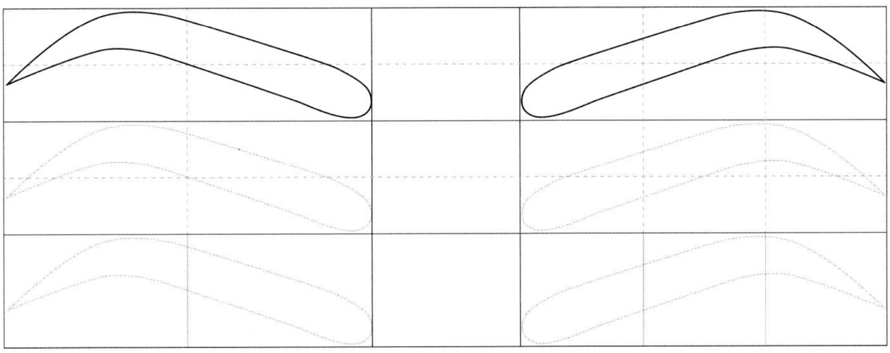

여자 상승형 : 눈썹산 없음, 눈썹이 살짝 짧게

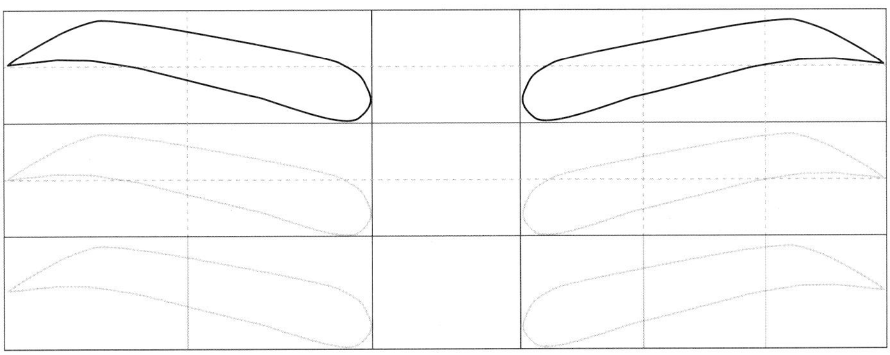

▶ 남자 눈썹 디자인 연습하기

남자 기본형 : 여성보다 굵고 눈썹꼬리는 열린형

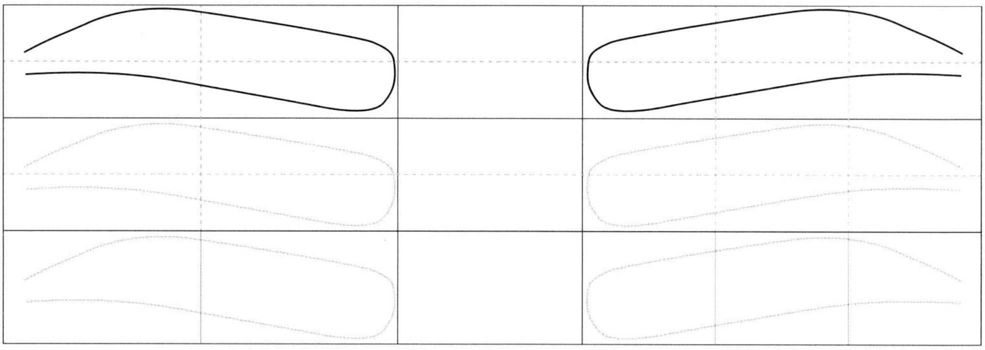

남자 삼각형 : 눈썹산 부분이 굵고 강하게

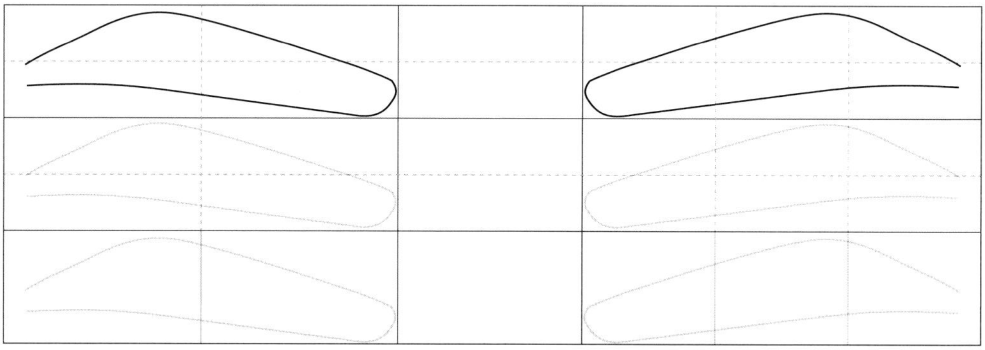

남자 일자형 : 여성보다 굵고 눈썹꼬리는 열린형

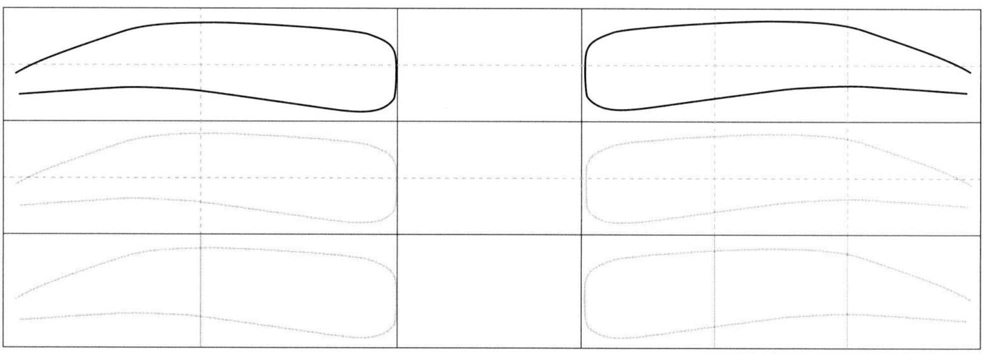

5. 아이라인 디자인

아이라인 시술은 간단하지만 가장 어려운 시술이다. 아이라인을 디자인 할 때엔, 눈꼬리가 올라갔는지 또는 내려갔는지에 따라 아이라인의 형태가 달라진다. 눈썹과 마찬가지로 눈도 좌우대칭이 맞지 않는 경우엔 최대한 이러한 단점을 보완하여 아이라인을 디자인하여야 한다. 또한 눈의 형태에 따라 디자인을 적용해야 하며 시술시 앞쪽보다는 꼬리 부분을 더 진하게 하는데 꼬리부분은 눈을 떴을 때 더 잘 보이고 색소도 더 쉽게 빠지기 때문이다.

시술 전 **시술 후**

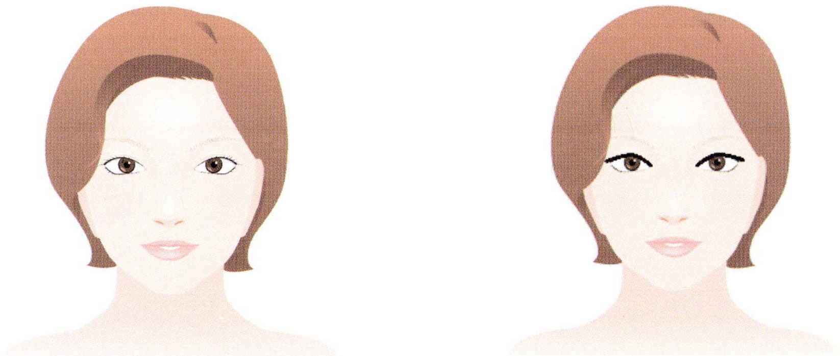

아이라인을 0.2~0.4mm 눈꼬리 밖으로 그린 디자인은 모든 눈의 형태에 잘 어울림.

〈그림 4-11〉 기본 아이라인

1) 눈 형태에 따른 아이라인 디자인

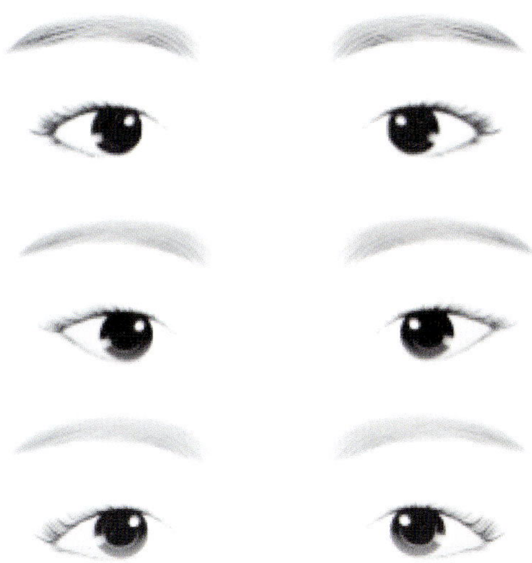

동양인 외꺼풀 눈
기본 아이라인 또는 전체적으로 라인을 두껍게 그려준다.

올라간 눈
꼬리의 각도를 내려주고 뒷 부분을 두껍게 아래를 향하게 그려준다.

처진 눈
눈꼬리를 끝가지 따라가지 않고 0.2mm 이상 위쪽에서 살짝 올려 그려준다.

〈그림 4-12〉 눈 형태에 따른 아이라인 디자인

▶ 아이라인 디자인 연습하기

6. 입술디자인

입술은 윗입술과 아랫입술의 비율을 1: 1.5로 디자인하고 양쪽입술이 좌우대칭인지 확인한 후 좌우대칭이 되도록 디자인 한다. 입술 피부는 얇아 반영구 시술시 가장 통증이 심하고 주름이 많아 입술을 평평하게 당겨서 시술하며 원하는 색상이 나올 수 있도록 색상을 조정한 후 여러번에 걸쳐 반복한다.

▸ 인커브 디자인 : 본인의 입술보다 안쪽으로 시술하는 방법으로 입술이 두꺼운 경우 바깥쪽에 색을 피부색으로 맞추고 안쪽을 시술한다. 보통 윗입술을 0.5mm 정도 줄이고 아랫입술은 줄이지 않는다.

▸ 아웃커브 디자인 : 입술이 얇은 경우 입술을 바깥쪽으로 더 크게 시술하는 방법으로 고객과 협의하여 한번이 아닌 조금씩 두꺼워지게 여러번에 걸쳐 디자인한다.

▸ 입술 디자인이 필요한 경우

① 입술에 볼륨이 없고 직선인 경우

② 라인이 깔끔하지 않고 끊어진 경우

③ 좌우 대칭이 안 맞는 경우

ADVICE

- 입술선을 수정할 때에는 0.1mm를 넘지 않게 한다(아웃, 인라인 모두).
- 입술의 모든 선은 완만한 곡선으로 표현
- 입술산은 양 콧구멍과 수직으로 만나는 위치
- 입술선은 안쪽에서 바깥쪽 방향으로 그려준다.

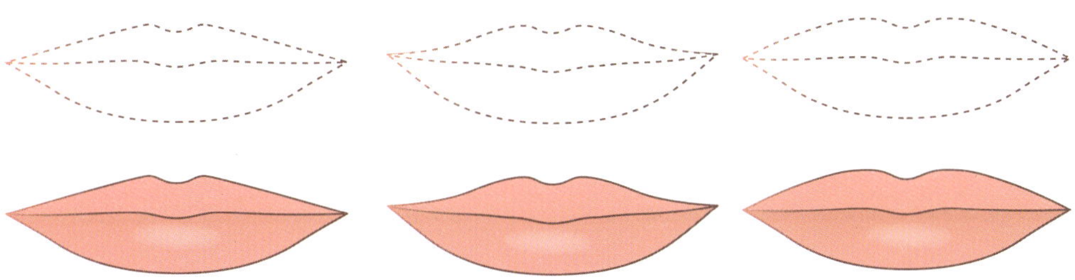

기본 입술 | 입꼬리가 올라간 입술 | 입꼬리가 내려간 입술

〈그림 4-13〉 입꼬리 기울기에 따른 입술

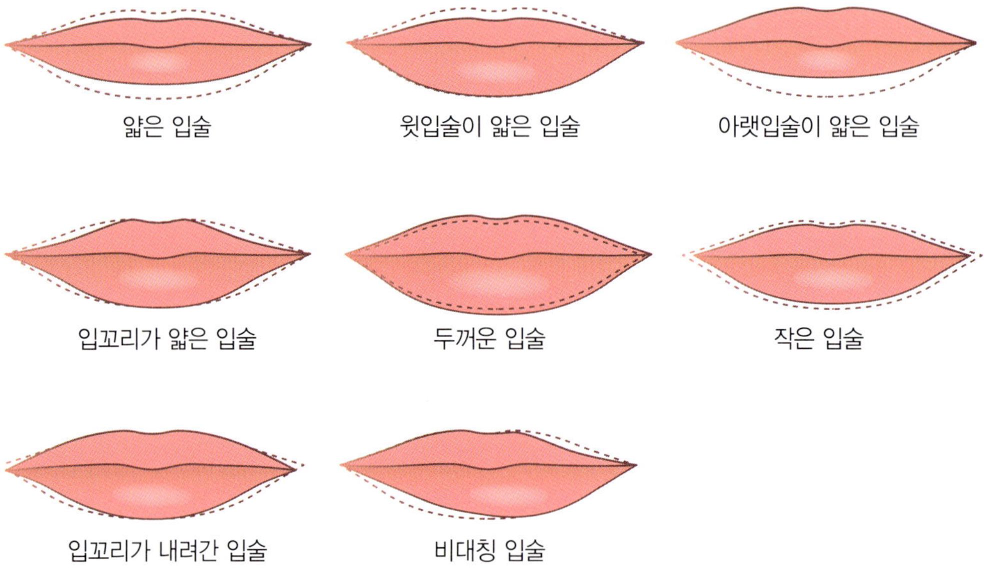

〈그림 4-14〉 입술 라인의 수정 기법

TIP 입술디자인

✎ 립 라인 후 풀 칼라를 입술에 넣어준다.

1. 입술 중앙이 가장 진해야 한다.
2. 중앙 주변은 조금 밝게 한다.
3. 입술 외곽은 흐리게 색을 넣어야 자연스럽다.

▶ 입술 디자인 연습하기

기본 입술 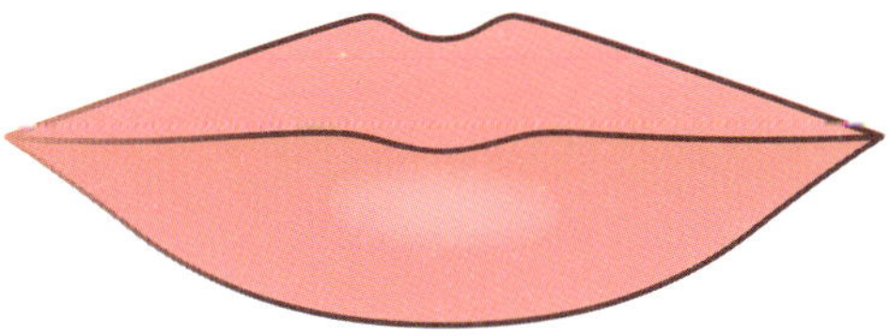	
얇은 입술 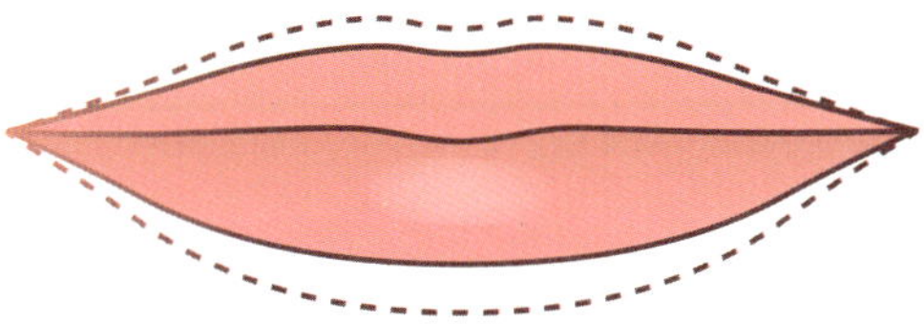	
두꺼운 입술 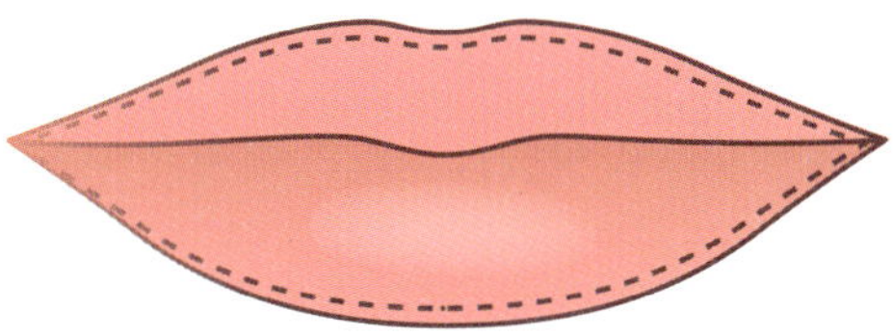	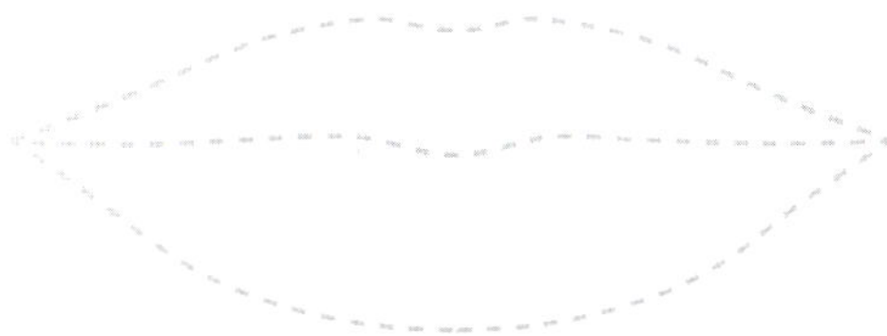
비대칭 입술 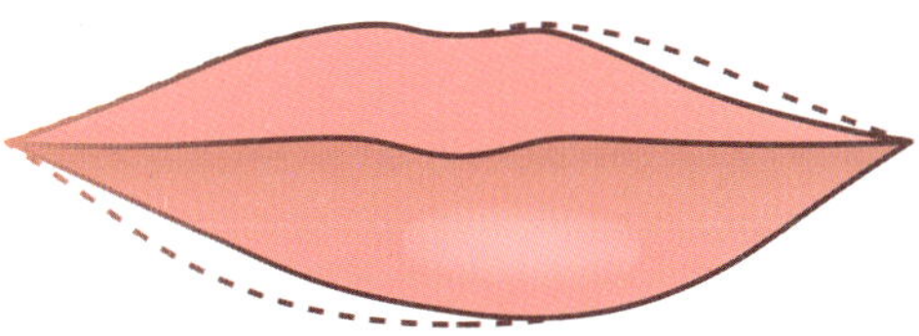	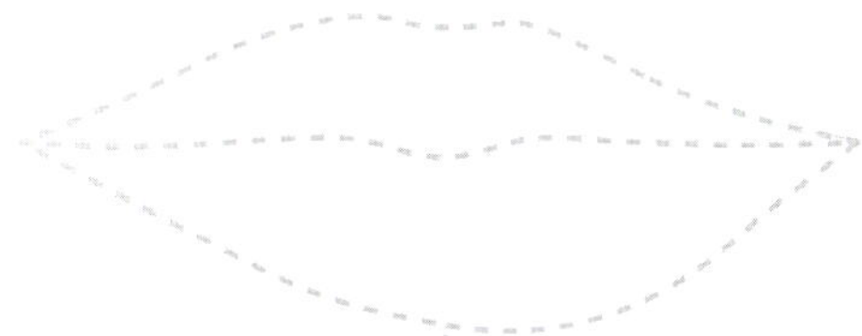

5

제5장
반영구 메이크업
시술 방법과 순서

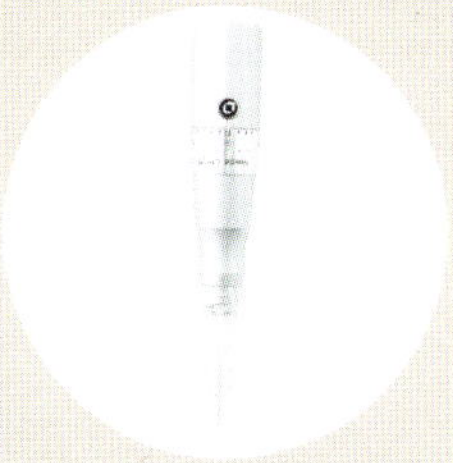

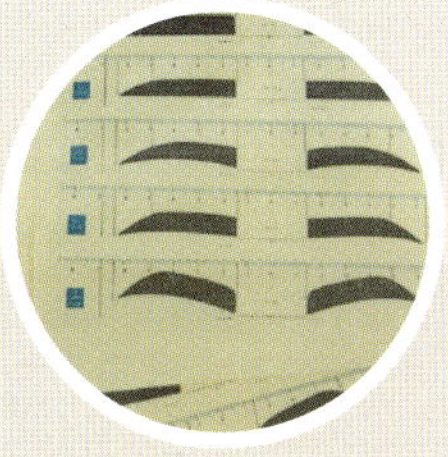

Make Up

제5장
반영구 메이크업 시술 방법과 순서

1. 반영구 메이크업의 테크닉 기법

1) 아날로그방식 머신기법

눈썹의 형태를 디자인해서 디자인 펜슬로 자연스럽게 피부에 그린 후 자유롭게 니들 속도를 변경하면서 눈썹의 결 방향으로 색소를 넣어주는 기법이다. 디지털 기기보다는 가격이 싸고 가벼워서 휴대가 간편하다 그러나 정확한 속도나 힘의 지속력이 약하다.

2) 디지털 머신기법

눈썹의 형태를 디자인해서 디자인 펜슬로 자연스럽게 피부에 그린 후 적용 부위 및 시술방법, 동작 속도 등이 일정한 테크닉을 유지하면서 피부에 색소를 넣을 수 있는 기법이다. 피부의 손상이 적고 자연스럽고 정교한 시술이 가능하다. 전원 스위치 및 스피드 조절 등 적용부위에 시술방법, 동작 속도 등이 일정한 테크닉을 유지하면서 피부에 색소를 넣을 수 있다.

디지털 머신은 아날로그방식에 비해 타점이 일정하며 일반적으로 11단계까지 속도 조절과 바늘길이의 조절이 가능하다. 모터가 외부에 있어 흔들림이 적어 통증이 적으며 니들 끝이 섬세하여 디테일한 작업이 가능하다. 2개의 핸드피스를 본체에 연결할 수 있으며 둘 중 사용하고자 하는 핸드피스를 선택하여 사용할 수 있다. 핸드피스를 잡았을때 그 느낌이 우수한 것이 특징이다.

3) 엠보(Embo) 기법

눈썹에 자수를 놓듯 새기는 방법으로 바늘의 개수는 6~20개 등 다양하다. 국내에서는 10~14개의 바늘을 주로 사용하며, 45°구성된 니들로 14개의 점이 모여 하나의 선을 형성하여 눈썹을 시술하는 방법으로 피하조직에 착색 및 흡수시키는 시술로써 눈썹의 모근이 난 형태로 테크닉을 적용하는 시술 테크닉이다. 눈썹 시술 부위 면을 선으로 채우는 기법으로 시술 직후 짙어 보이지 않는다.

엠보 기법의 특징은 머신기법보다 문신 또는 퍼머넌트로 탈색된 부위에 시술해도 선이 번지지 않는다. 색소가 충분히 피부에 흡착할 시간을 두어야 한다. 또한 엠보니들은 탄성이 높고 예리해서 섬세하고 자연스런 눈썹 시술에 효과적이다.

▶ 아날로그와 디지털 머신의 차이점과 특성

아날로그	디지털
가격이 비교적 저렴	가격이 고가
진동, 소음이 크고 발열이 발생	진동, 소음이 적고 열이 적게 남
스크래치 방식	미싱 방식
니들과 캡이 분리 됨	니들과 캡이 일체형
핸드피스에 모터가 있음	모터가 외부에 있음
속도와 힘이 일정하지 않음	속도와 힘(진동)의 변화가 거의 없음
높은 숙련도를 요구	숙련도에 비해 시술이 용이함
감염의 위험성 있음	감염의 위험성 없음

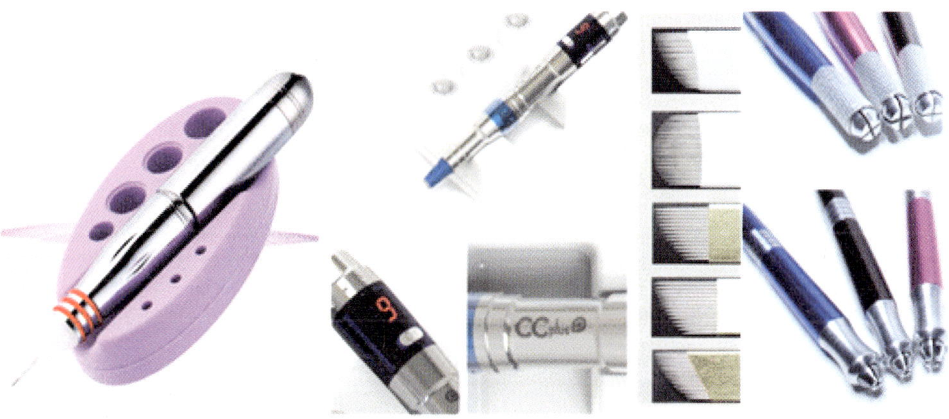

아날로그 머신　　디지털 머신　　엠보펜대와 니들

〈그림 5-1〉 반영구 메이크업 기기의 종류

TIP 머신 구매시 고려사항

- 전력 공급이 일정하고 장시간 사용 시 머신에서 열이 발생하는가
- 전용 니들의 종류가 다양하며 니들의 침투 깊이와 속도를 조절 할 수 있는가
- 색소의 호환이 가능한가
- 무게와 그립감, 소음과 진동, 세기 등이 적당하며 조절이 가능한가
- 니들의 흔들림 정도가 적당한지와 니들의 흔들림 여부는 정직선인가, 스크류방식인가
- 니들로 인해 피부에 상처가 생기는가

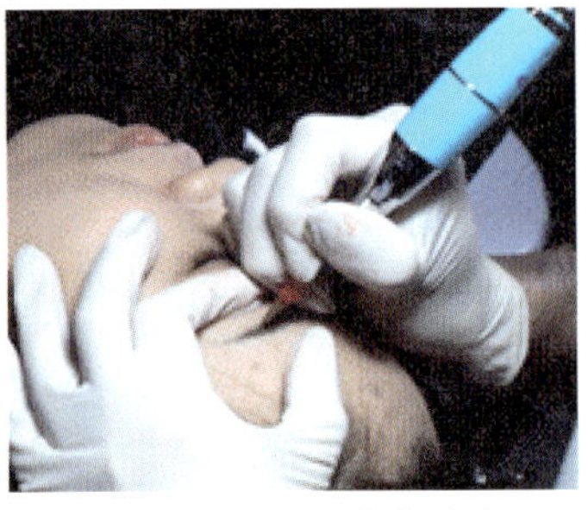

눈썹 디지털 머신 기법

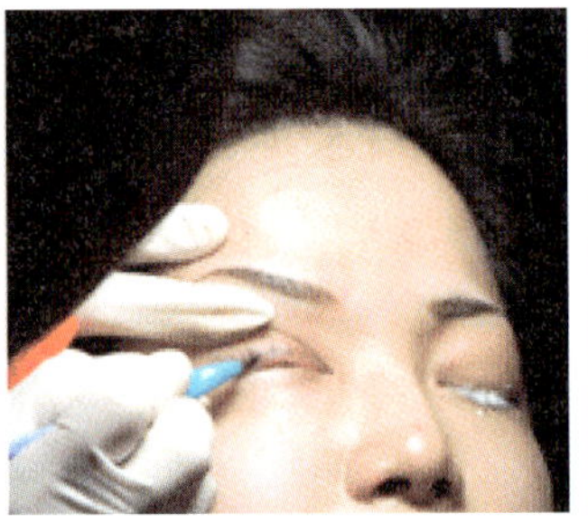

아이라인 수지침 머신 기법

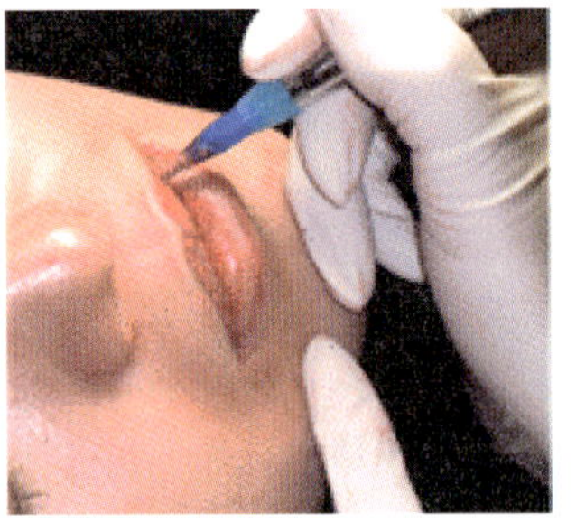

입술 아날로그 머신 기법

〈그림 5-2〉 머신을 사용한 반영구 메이크업

1R(라운드 타입)	3R	5R	7R
선	눈썹, 아이라인	아이라인 입술	입술
●	●●●	●●●●●	●●●●●●●
4F(플랫 타입)	6F 입술	10F 눈썹	1820 18(바늘수)/20(굵기)
●●●●	●●●●●●	●●●●●●●●●●	●●●●●●●●●●●●●●●●●●

〈그림 5-3〉 반영구 메이크업에 사용되는 다양한 니들의 종류

▸ 디지털 머신 니들과 엠보 니들

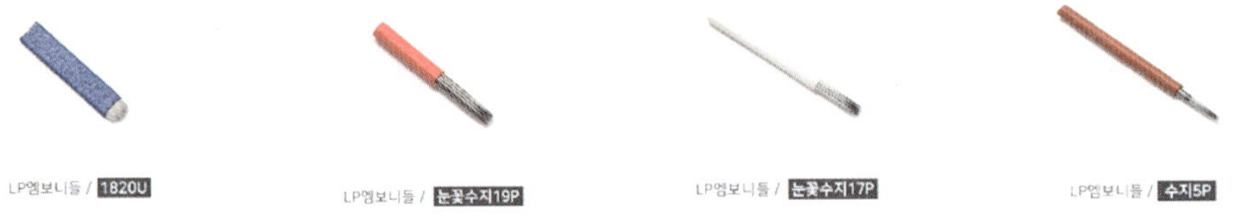

엠보 니들 – 플랫타입과 라운드 타입

엠보 니들 – 플랫타입과 라운드 타입

엠보니들과 디지털 니들

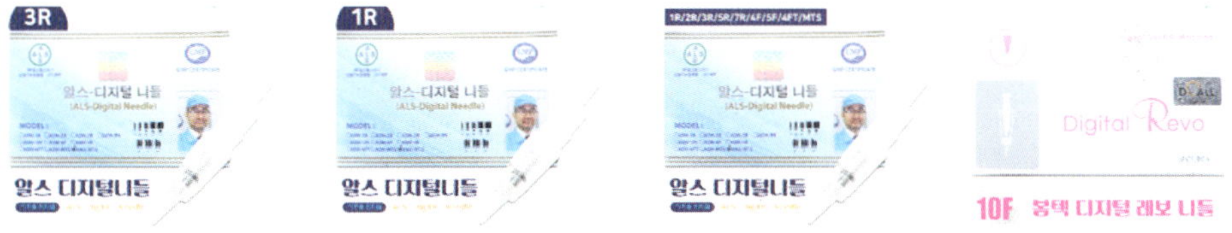

디지털 니들

시술 전 눈썹 머신기법으로 시술 후 눈썹

〈그림 5-4〉 머신기법을 사용한 눈썹 디자인

4) 반영구 메이크업에 사용되는 9가지 테크닉기법

시술 모양	테크닉 기법
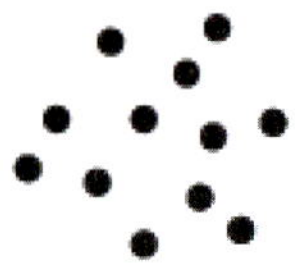	**점 기법(수지기법)** 핸드피스를 90°로 세워서 반영구 화장 시술시 빈곳을 메울 때 뿐만 아니라, 미용 점을 시술시 및 두피시술 및 섬세한 시술을 하고자 할시 사용하는 기법이다. 그라데이션 효과
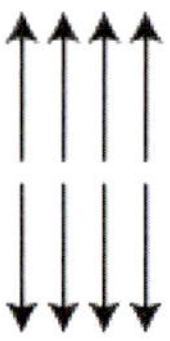	**일직선 기법(플랫니들기법)** 입술 시술시 입술 색상을 메꾸고자 사용하는 기법 눈썹, 아이라인, 입술라인, 헤어라인 등 모든 반영구 화장의 기초가 되는 테크닉이다.
	**곡선기법** 엠보눈썹, 자연눈썹 시술 시 눈썹의 한올 한올을 표현할 때 사용하는 기법으로 페더링 눈썹을 하기위한 기법이다.
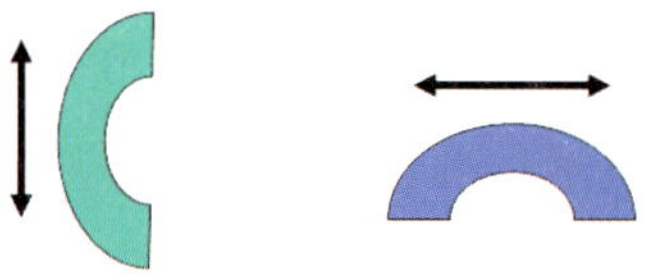	**반원기법** 입술시술에 부가적인 테크닉 기법이다.
	**줄무늬 점 기법(striping)** 45° 또는 90° 각도로 핸드피스를 사용한다. 오직 한 방향 또는 쌍방향으로만 비스듬히 색소를 심는다. 밀리미터 단위로 짧게 찌른다.
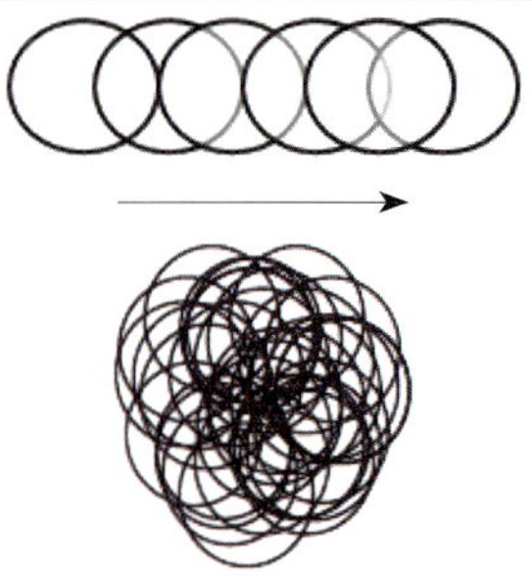	**원 Circle 기법(롤링 기법)** 45°에서 70° 각도로 핸드피스를 사용하며 입술의 세로나 가로 방향을 따른다. 작게 원을 그림으로써 그림자 효과를 내며 면을 채우기 적합한 테크닉으로 원을 그리듯이 롤링하면 넓은 면적에 색소를 꼼꼼하게 넣을 수 있다. 7~9 Point 바늘을 사용한다.
	**지그재그 기법(양방향 기법)** 45° 또는 90° 각도로 핸드피스를 사용한다. 바늘을 양방향으로 왔다갔다하면서 앞뒤 방향으로 기기로 색소를 채워 넣을 때 사용하고 힘 조절을 통해 그라데이션이 가능하다.

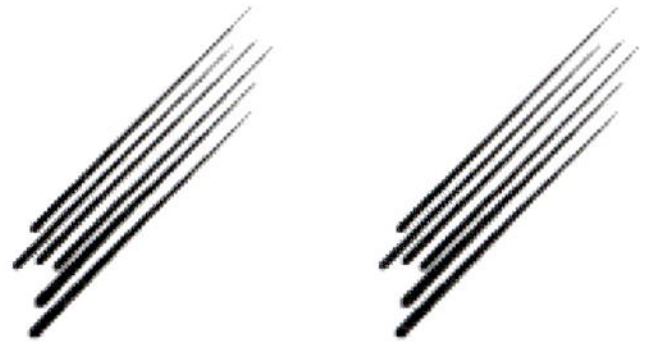	**스치는기법(Tapping Touch) : 그라데이션 기법** 이 기법은 라운드 니들보다는 플랫니들이 유리하며 사용되는 용도로는 눈썹문신의 그라데이션을 표현할때 많이 사용한다. 살짝살짝 터치하듯이 그려내면서 압력의 차이로 색소를 번지듯 입히는 기법이다.
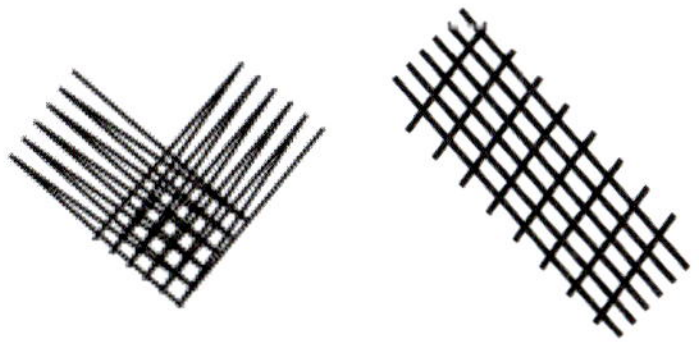	**사선기법 (Scratch Touch) : 직선을 교차하며 긋는 기법** 시작점에 무게중심을 두고 마무리되는 우측면을 가볍게 치고 다시 돌아오는 방식으로 입술시술 또는 화장눈썹의 시술에 많이 사용하는 기법이다.

2. 엠보(Embo)기법의 디자인 순서

1) 눈썹(Eyebrow) 디자인 형태

① 여성의 눈썹 형태

눈썹의 유행 스타일과 얼굴 형태의 대칭성 및 피부톤, 눈썹 색의 조화를 잘 파악하여 디자인한다. 눈썹의 길이가 눈의 길이 보다 짧지 않아야 하며, 눈썹 꼬리는 눈썹 앞머리보다 두껍거나 처지지 않게 디자인을 하여야 한다.

② 남성의 눈썹 형태

여자의 눈썹 결 보다 두껍고 길이도 길어야 한다. 또한 눈썹의 끝은 선으로 마무리 하지 않고 자연스럽게 모아주며 끝의 선은 열어준다.

〈그림 5-5〉 반영구 메이크업 엠보 기법 눈썹

③ 엠보 디자인 연습

엠보 결 연습

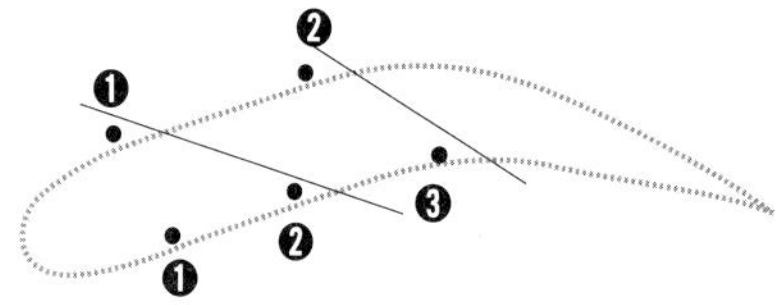

눈썹의 윗부분은 4등분, 아랫부분은 5등분 한 후 앞의 1/4 부분에 앞머리를 눈썹의 방향에 맞추어 세로선으로 시술한다.

윗부분은 1/4등분, 아랫부분은 2/5등분 지점 안쪽으로 곡선으로 눈썹 결을 넣어준다.

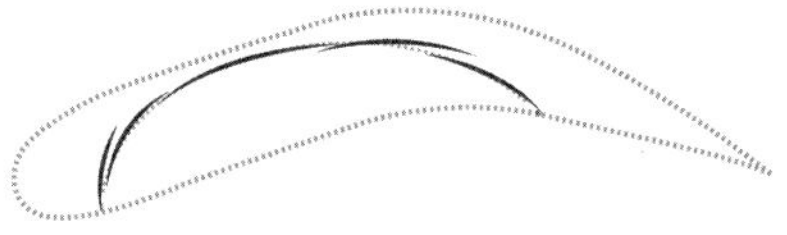

윗부분은 2/4등분, 아랫부분은 3/5 지점 위치에서 고리의 각도를 고려하여 반선 내려와 눈썹결대로 그려준다.

1차 : 디자인 앞머리는 5~7개의 곡선으로 그려준다.

뒷 부분 결은 4~5개의 선으로 45° 각도로 반선만 그린다.

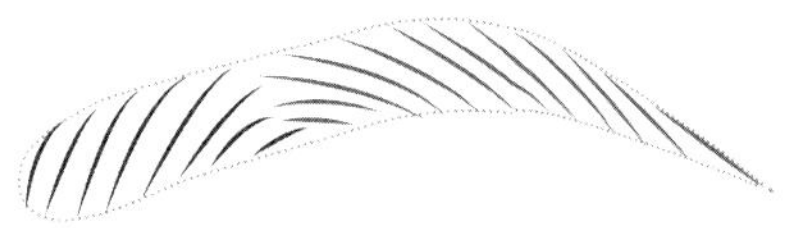

1차선들 사이에 곡선으로 채워주고 뒷부분은 30° 각도로 반선을 내려 그린다.

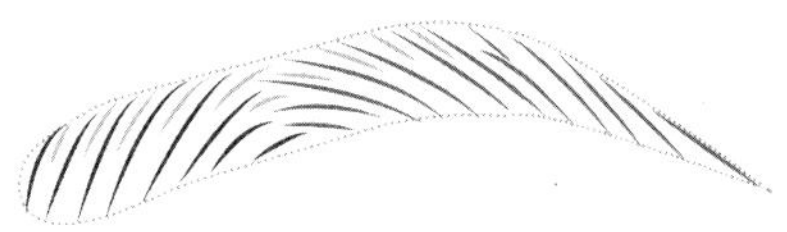

눈썹의 선을 천천히 윤곽선을 잡아가면서 사이사이 곡선기법으로 채워 그린다. 시술선은 일정한 간격을 두고 그리고 빈 곳을 채워 자연스럽게 곡선형태로 연결한다.

2) 엠보 눈썹 반영구 메이크업 시술

눈썹 사진	눈썹 시술 순서
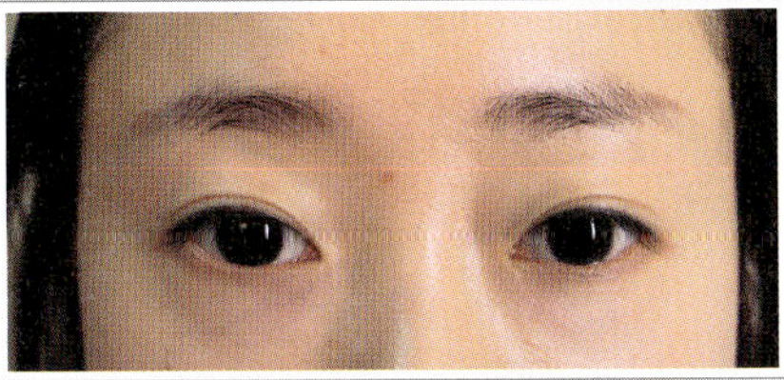	**눈썹 시술 전** 충분한 상담을 통해 반영구 화장의 기법과 눈썹의 크기와 색상 등을 협의한다. 결과와 부작용에 관해서도 설명한다.
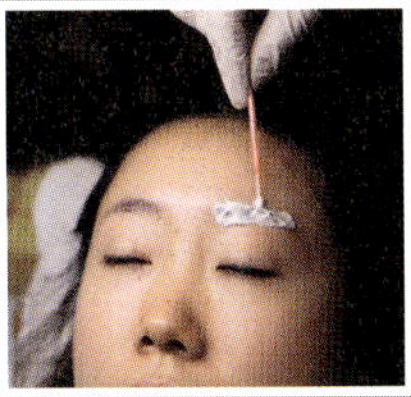 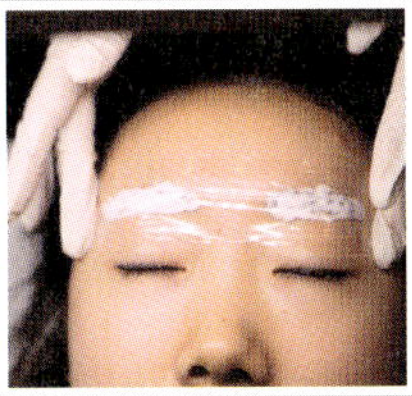	**진정크림 도포와 랩핑 – 통증완화** 1차 안정제를 피부에 도포한 후 랩핑하여 20분 방치, 2차 안정제 도포 후 10분 방치하면 고통없이 시술이 가능하다.
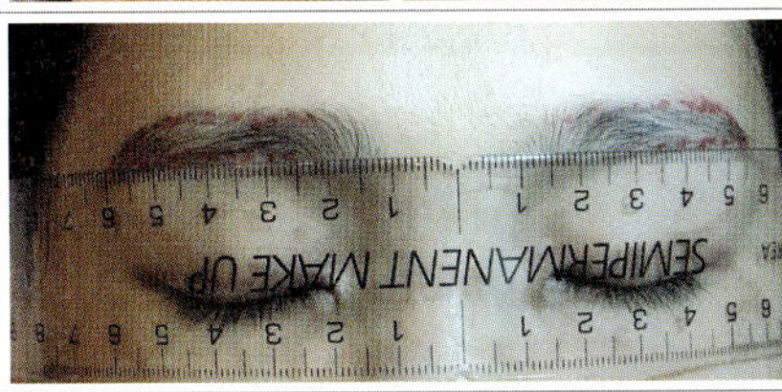	좌우 대칭을 맞추고 눈썹의 크기와 색상 등을 협의한다.
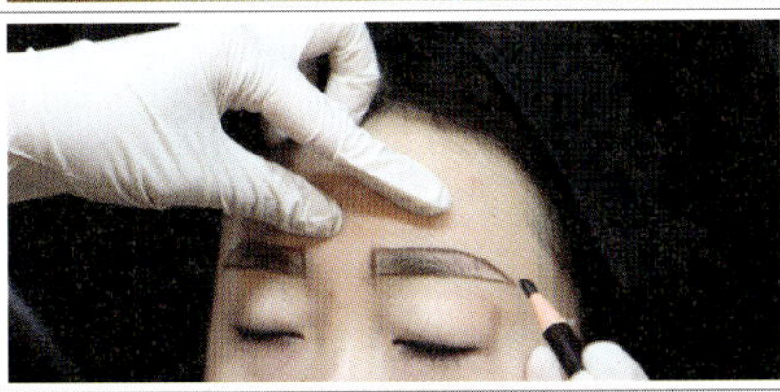	눈썹 디자인의 윤곽을 그린 후 얼굴 전체의 비례와 조화가 맞는지 확인한다.
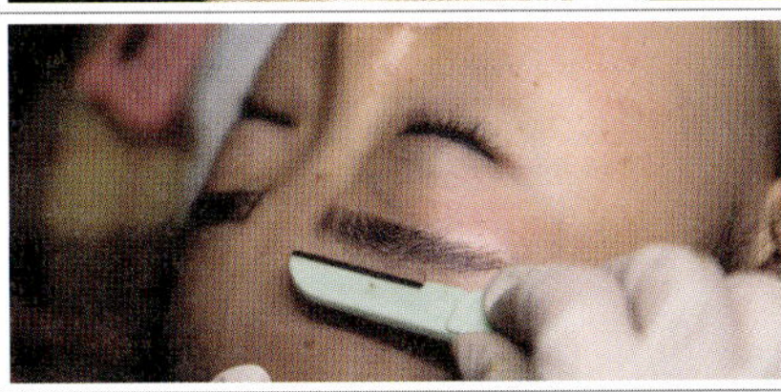	윤곽선 외에 남는 눈썹 털을 깨끗하게 정리한다. 시술을 하기 위해 색소 믹스나 머신과 니들을 세팅하는 등 시술준비를 한다.
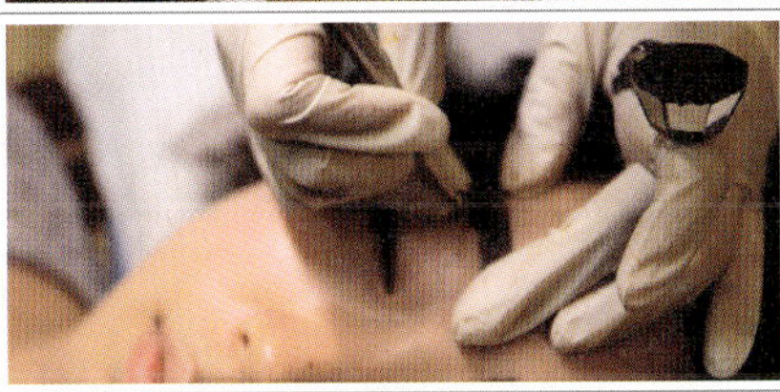	엠보기법은 눈썹 앞머리부터 시작하고 자연스런 색상이 되도록 눈썹처럼 선을 긋는다. 시술 후 화장솜을 이용해 색소가 착색된 상황을 체크하여 빈 곳이 있을 경우 리터치 후 마무리한다.
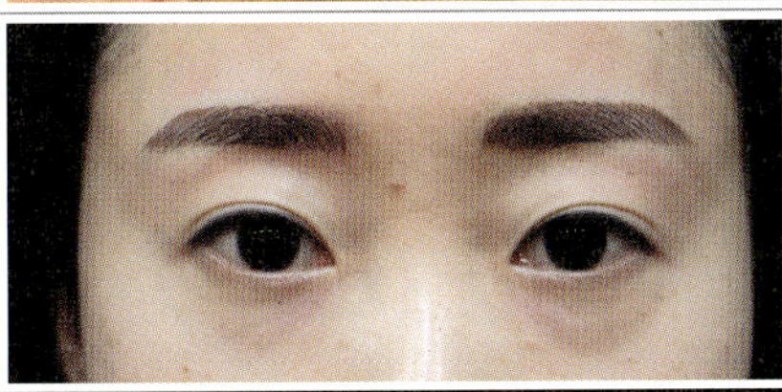	**완성된 모습** 시술부위 주변에 남아있는 색소 등을 깨끗이 닦아주고 재생크림을 도포하여 준다. 시술 후 관리 및 주의사항을 설명해 준다.

3) 엠보기법 시술 후 색을 오래 유지시키는 비결

① **시술깊이에 따라 지속기간이 달라진다.**

보통은 초보자인 시술자가 할 경우 깊이 조절을 못해서 얇게 들어간다거나 깊게 시술하는 경우인데 얇게 들어간 경우는 탈각된 후에 거의 남지 않는 상황이고, 깊게 시술을 한 경우는 색소가 혈관으로 타고 들어가 퍼지는 경우이다. 피부의 굴곡이 생기는 경우도 있다.

② **염료** : 최근 밝은 컬러를 선호하지만 진한색소에 비해 빨리 빠지는 단점이 있다.

③ **컬러 매칭에센스** : 컬러 배합(고농축 색소나 엠보색소에 배합) 시 넣는 이유는 색소가 착색되는 과정을 도와주어서이다. 함유 성분은 99.5%가 글리세린이다 색소를 표피층까지 끌어다주는 견인 역할과 보습효과만 주고 사라진다.

④ **흡색제** : 시술 후 색소가 탈각 후에도 빠져나가지 않도록 도와주는 제품

색소에 섞어서 사용하지 않고 시술 후 시술부위에 한번 발라준 후 2~3분정도 방치 후 닦아준다.

Q 시술 후 색소가 남아있지 않는 경우

A 엠보는 보통 머신기법에 비해 자연스러움이 장점이지만 머신에 비해 지속기간이 짧은 단점이 있다(보통은 1년~2년 사이 짧게는 6개월 정도).

4) 엠보기법 디자인 이미지

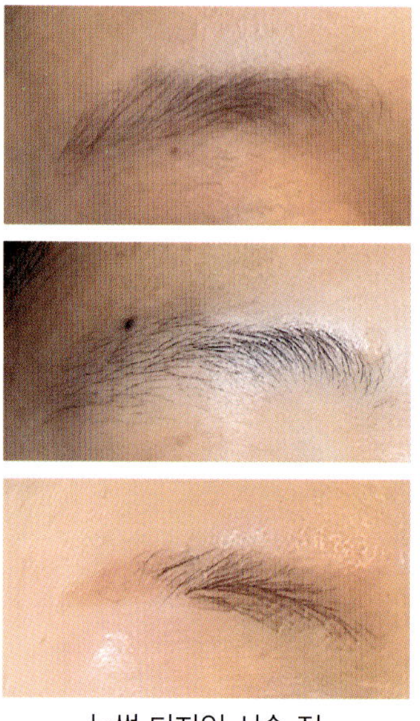

눈썹 디자인 시술 전

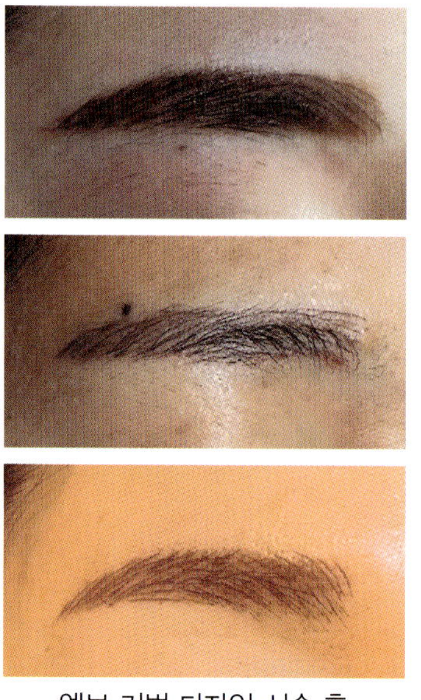

엠보 기법 디자인 시술 후

3. 반영구 메이크업 연습하기

1) 재료 준비

① 고무판

사람에게 하기 전 고무판이나 마네킹에 동일한 순서로 연습한다. 고무판에 연습을 할때엔 힘의 강도와 선의 방향 등을 고려하여 디자인한다.

고무판의 색소를 지울때엔 바세린이나 전용크림을 사용하고 중간에 색소를 지워 정확한 선을 그렸는지 항상 확인하며 연습한다.

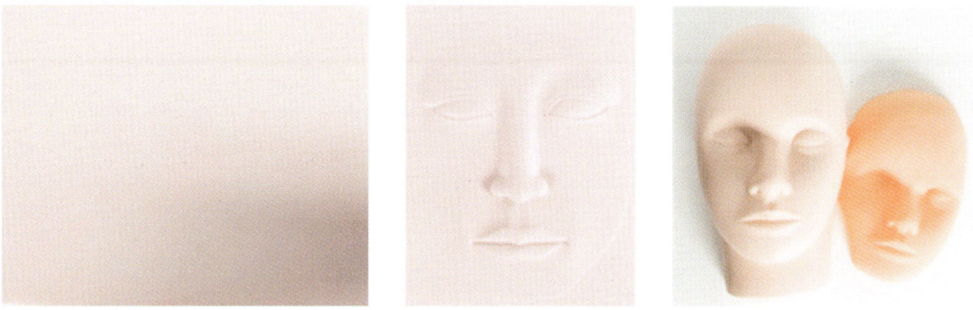

고무판　　　　이목구비 고무판　　　　마네킹과 일회용 마스크

〈그림 5-6〉 반영구 메이크업 연습용 고무재료

② 재료준비

반영구 메이크업에 필요한 재료를 준비하고 항상 위생에 주의한다.

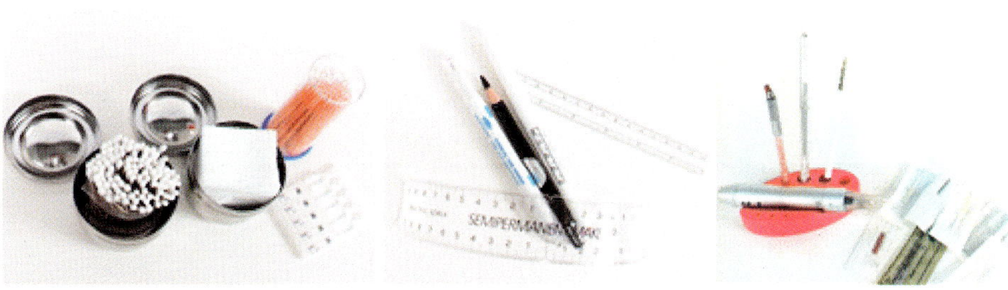

위생재료　　　　디자인 재료　　　　반영구 머신과 바늘

〈그림 5-7〉 반영구 메이크업에 필요한 다양한 재료

2) 고무판 연습

고무판 재료가 없는 경우 바나나 껍질을 사용하면 피부와 비슷한 느낌으로 연습할 수 있으며 두꺼운 종이나 일반종이에도 연습은 가능하다. 반영구 패턴북을 사용하여 연습을 하도록 한다.

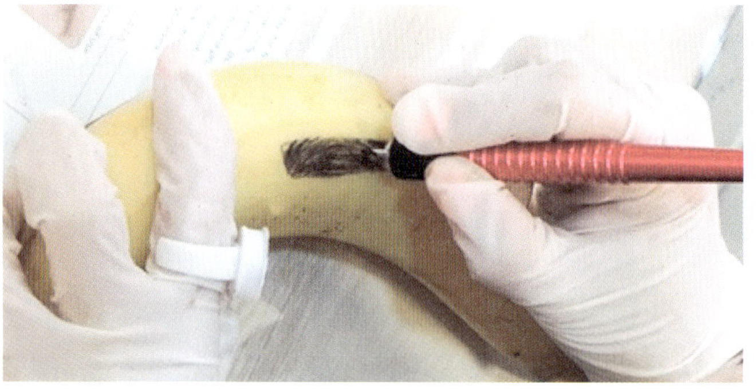

〈그림 5-8〉 바나나를 이용한 반영구 메이크업 연습

① 눈썹 연습

남자 엠보 눈썹은 좌우대칭이 되도록 눈썹 크기를 고려하여 디자인한다.

마네킹 준비 (남성)

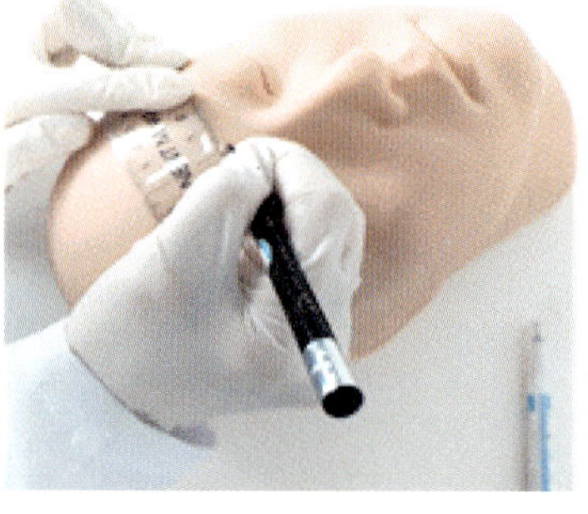

눈썹 디자인

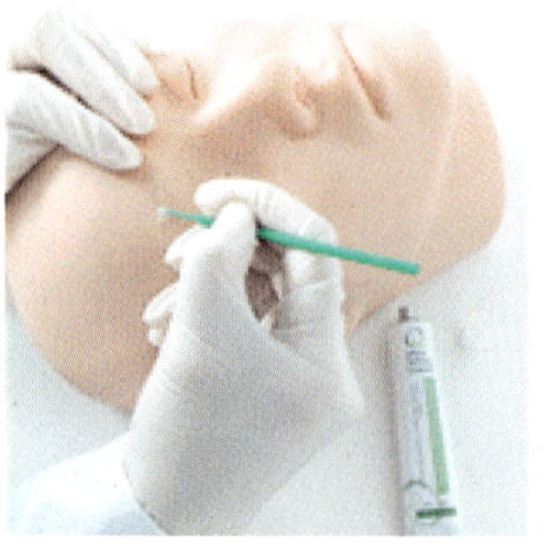

1차 통증 안정제 연고 도포

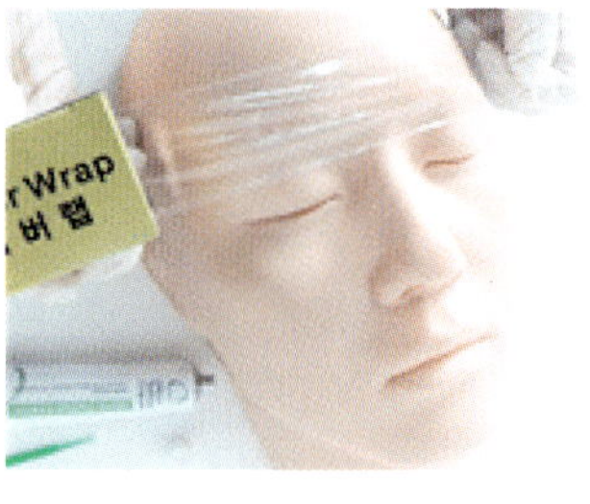

랩핑후 20분 방치

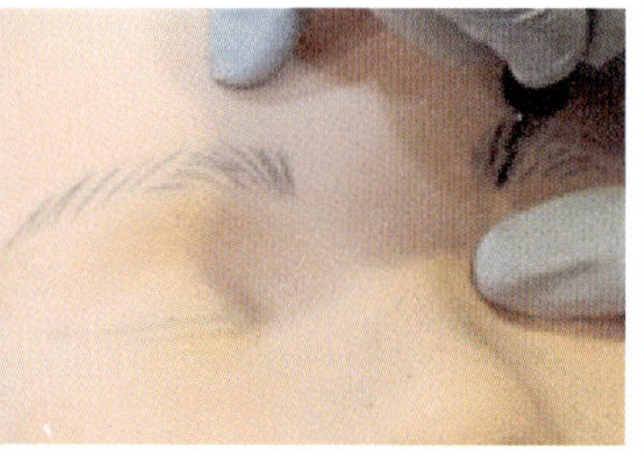

1차 시술 후 착색 확인

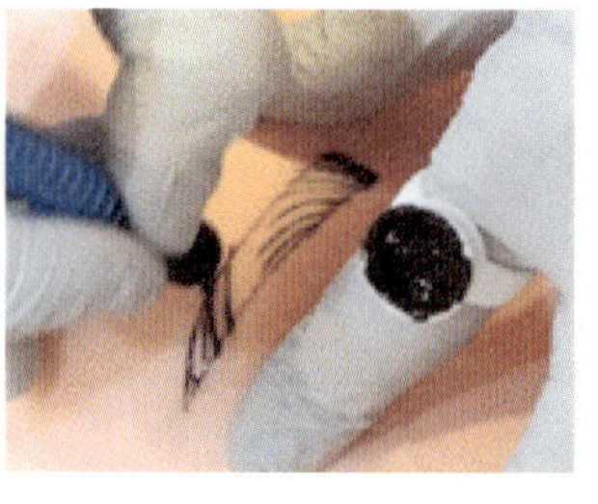

빈자리에 2차 시술

〈그림 5-9〉 남성 엠보 눈썹 반영구 메이크업 시술 순서

여성 콤보 눈썹은 1차 통증 안정제 연고 도포까지는 동일한 순서로 진행 한 후 머신과 엠보기법을 함께 사용하여 시술한다.

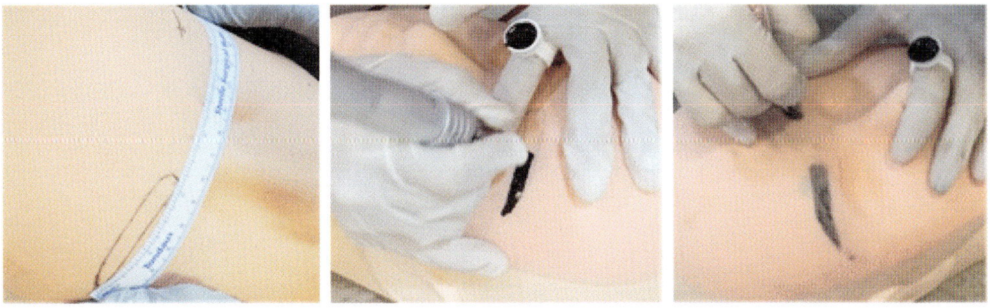

1차 연고 후 디자인 / 머신을 사용하여 1차 시술 / 그 위에 엠보 디자인

〈그림 5-10〉 여성 콤보 눈썹 반영구 메이크업 시술 순서

② 아이라인 연습

아이라인은 눈의 형태에 맞게 디자인 한다. 색소는 검은 색을 사용하고 머신이나 수지침을 사용하여 시술한다. 눈에 색소가 들어가면 눈에 자극은 주지 않도록 인공눈물로 눈을 닦아낸다.

시술 후 좌우대칭인지 확인하고 크기가 다른 눈은 주의하여 디자인한다.

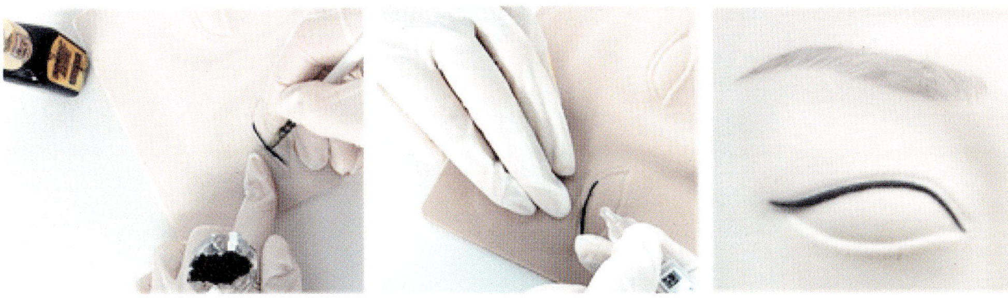

수지침으로 아이라인 시술 / 색소가 눈에 들어간 경우 / 아이라인 완성

〈그림 5-11〉 아이라인 반영구 메이크업 시술 순서

③ 입술 연습

입술은 입술모양에 맞게 디자인 한다.

기본 입술 얇은 입술 두꺼운 입술

〈그림 5-12〉 입술 반영구 메이크업의 다양한 디자인

④ 헤어라인 연습

모발의 색을 맞추고 단순히 점을 찍는 것이 아니라 모발이 자라는 특성에 맞춰 방향과 밀도를 따져서 그린다.

머리카락을 그린 크기가 너무 크거나 흐리고 부자연스럽게 되지 않도록 하고 헤어라인의 시작을 조금씩 다르게 하여 완성 되었을 때 자연스럽도록 시술한다. 변색과 번짐이 없도록 의료용 잉크의 안정성과 유지력을 확인한다.

완성 후 고무판을 뒤집어 라인을 너무 깊게 넣지 않았는지 확인하고 주의하여 연습한다.

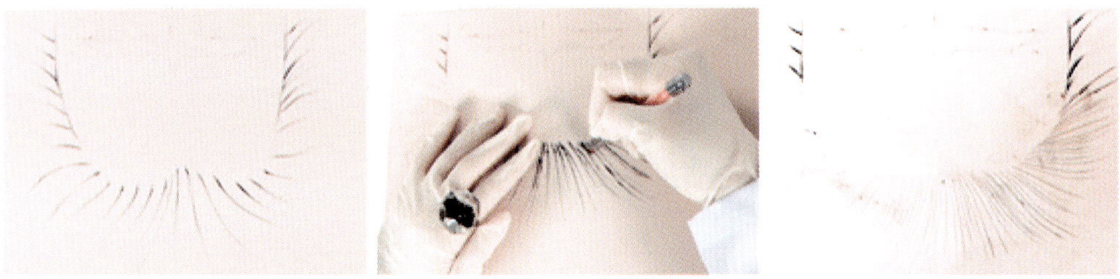

헤어라인의 모양 1차 라인 시술 1차 시술 후 디자인 확인

2차 시술 바세린으로 닦은 후 확인 자연스러운 라인으로 시술 완성

〈그림 5-13〉 헤어라인 반영구 메이크업의 시술과정

2) 아이라인의 시술 전 유의사항

- 리터치 기간(2~4주)
- 켈로이드성 피부, 아토피, 금속알러지, 색소 알러지피부는 시술을 피함
- 라식, 라섹(최소 6개월 경과 후 시술)
- 쌍꺼풀 수술(최소 3개월 경과 후 시술)
- 렌즈 착용 유무확인(렌즈 착용 후 시술시 흰자 부위가 착색될 우려가 있음)
- 속눈썹 연장이 되어있는 경우(연장 눈썹을 완전히 제거 후 시술)
- 속눈썹 재연장 시점(리터치 후 한 달 경과 후 연장)
- 생리직전·후, 음주, 불면, 감기 컨디션이 좋지 않은 경우는 시술을 피함
- 시술 후 : 안연고를 발라준다(염증방지).

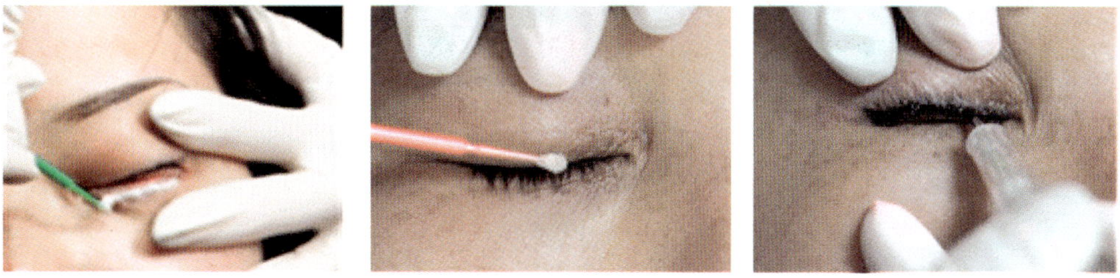

언더부분, 아이라인 부분에 진정크림을 바른다. 머신을 이용한 아이라인 기법

〈그림 5-14〉 아이라인 반영구 메이크업 시술순서

아이라인 시술 전 아이라인 시술 후

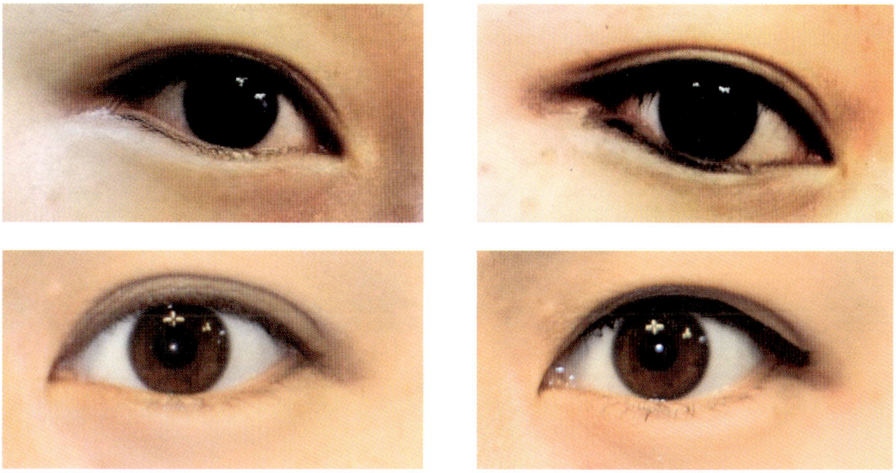

아이라인 시술 전　　　　　　아이라인 시술 후

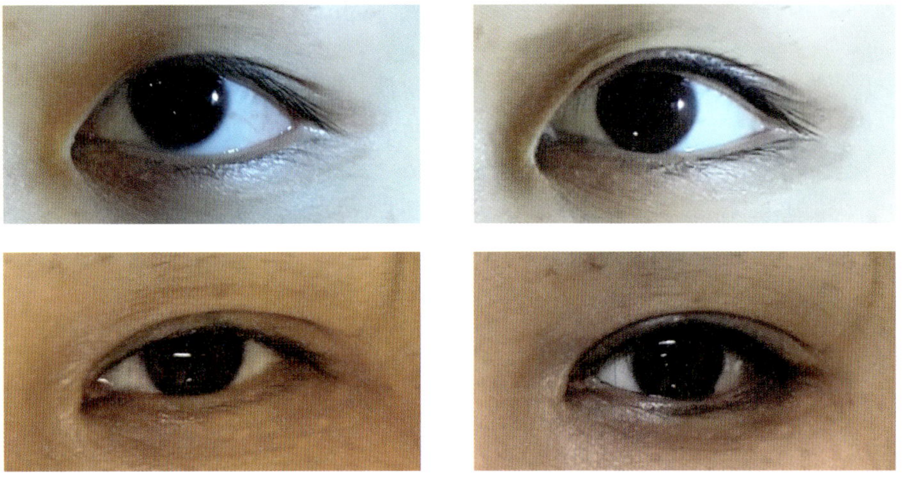

3) 입술

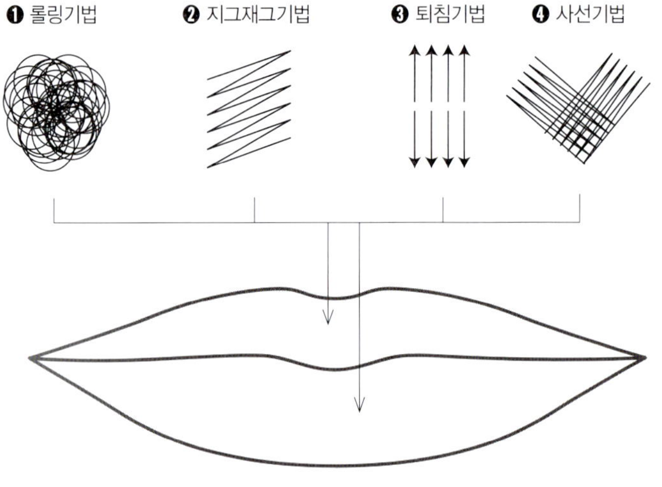

〈그림 5-15〉 입술에 사용하는 머신 기법

① 입술 테크닉 시술시 유의 사항

1. 오른손잡이는 오른쪽에서 시술한다.
2. 색소는 레드, 핑크, 오렌지로 크게 구분하고 믹스하여 사용한다.
3. 입술은 혈관이 많아 너무 깊게 찌르거나 두꺼운 바늘로 시술하지 않는다.
   - 피가 많이 나고 혈종이 잘 생긴다.

4. 볼에 붉은기가 있으면 입술 컬러 선택은 연 보라색이나 옅은 핑크색을 적용한다.
   - 붉은색 적용은 볼의 붉은색을 더 강조하게 된다.
5. 헤르페스 병력 여부를 반드시 체크 하여 수포 방지제 및 연고를 바른다.
6. 입술 커브와 균형, 윗 산을 정확히 맞춘다.
7. 입술의 컬러 자체가 쿨 컬러이므로 블루와 다크브라운 컬러는 시술하지 않는다.
   - 시술할 경우 검은색에 가까운 색상이 표현된다.
8. 윗입술의 산이나 윤곽은 신경과 만나는 지점으로 매우 민감한 부분이므로 시술시 주의한다.
9. 입술 표피는 다른 피부의 표피보다 두껍고 혈관과 림프드레인이 풍부하여 원하는 색이 나오려면 여러 단계가 필요하다.
   - 한번 시술 후 40~50 % 색소가 손실된다.
10. 입술 시술시 립 라인 먼저 시술 후 입술 안을 메워 준다.
11. 입술에 콜라겐 필러 주입 시술을 받았다면 6~12개월 지난 후에 시술한다.
12. 입술 꼬리 부분의 피부는 입술과는 다른 종류의 피부이므로 이 부분에 색소가 주입되면 피부 밑으로 색소가 스며든다.
13. 한번 시술한 입술 선은 반복해서 수정하지 않는다.
    - 시술 도중 입술이 부풀어 올라 선의 불균형으로 보일 수 있다.
14. 2차 시술의 필요성을 강조하여 설명한다.

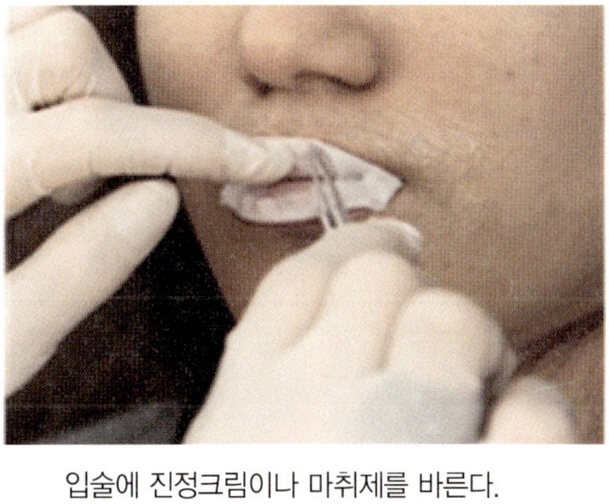

입술에 진정크림이나 마취제를 바른다.

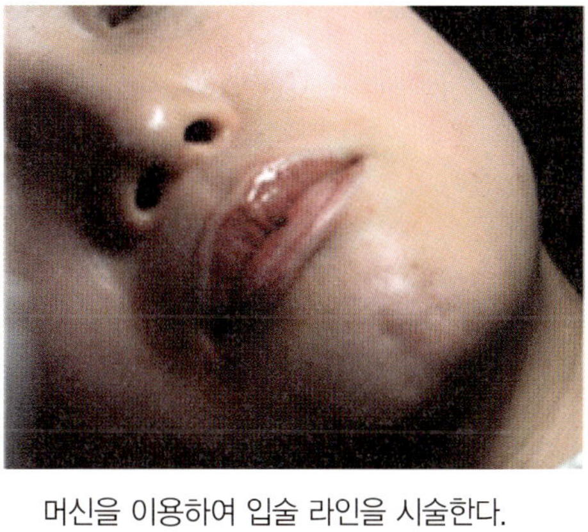

머신을 이용하여 입술 라인을 시술한다.

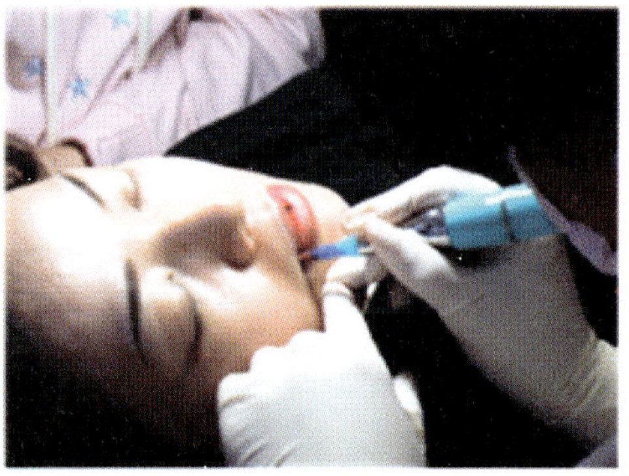

입술에 색소를 넣어준다.

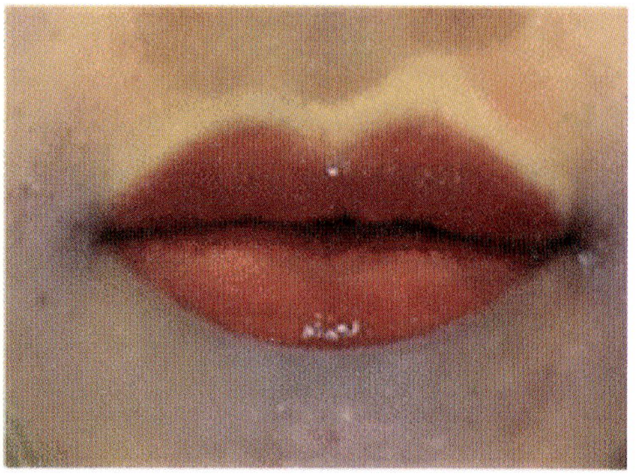

완성 후 입술에 수포 방지제 및 연고를 바른다

〈그림 5-16〉 입술 반영구 메이크업 시술순서

TIP 입술 시술시 주의 사항

- 청결이 중요
  수포 발생가능성이 높고 과거에 멸균 처리된 바늘을 사용하지 않아서 트러블 발생이 많았다.
  머신과 카트리지의 발달로 줄어들고 있는 상황이다.
- 켈로이드 피부
- 당뇨병인 경우 재생이 잘 안되고, 출혈이 심함
- 아스피린을 복용하면 출혈 시 지혈이 안 됨
- 헤르페스 보균자는 시술 전 2~3일부터 아침, 점심, 저녁 항바이러스제를 1알씩 복용한다.

② 입술

- 조직의 특징 - 팽팽하고 질긴 조직이며, 모공이 없다.
- 신경과 혈관이 많이 흐르고 있다(염증, 헤르페스 반응).
- 색소가 가장 잘 안들어 가고 입술 패치 마취가 가장 세다.
- 여드름 상처 부위에 흐르게 되면 화상 입은 것처럼 딱정이가 생긴다.
- 마취제 때문에 상처가 생길 수 있지만 시간이 지나면 없어진다.
- 입술을 뺀 주변에 재생크림이나 바세린을 바르고 랩핑을 한다.
- 1차 마취 후 시술 중 아플 경우 패치를 버리지 말고 3~5분간 더 붙여준다.

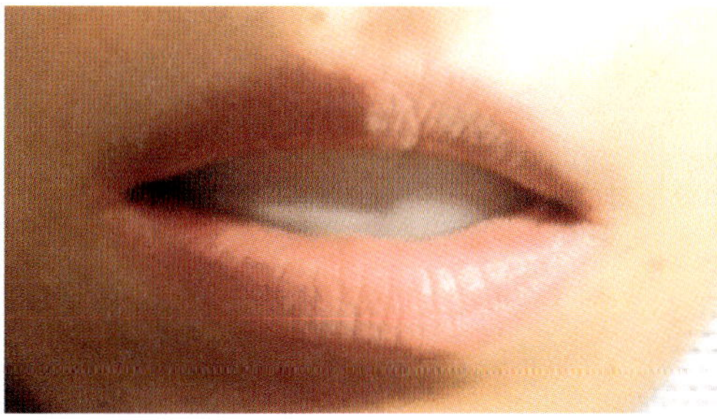

입술의 모양 색 등을 확인하고 디자인을 협의한다.

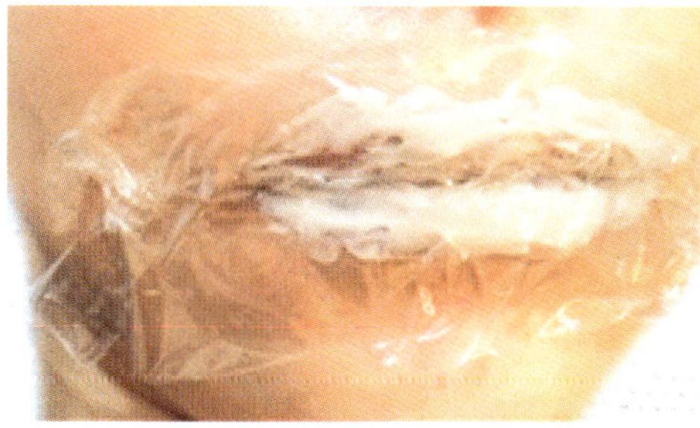

1차 진통완화제를 바르고 랩핑한다.

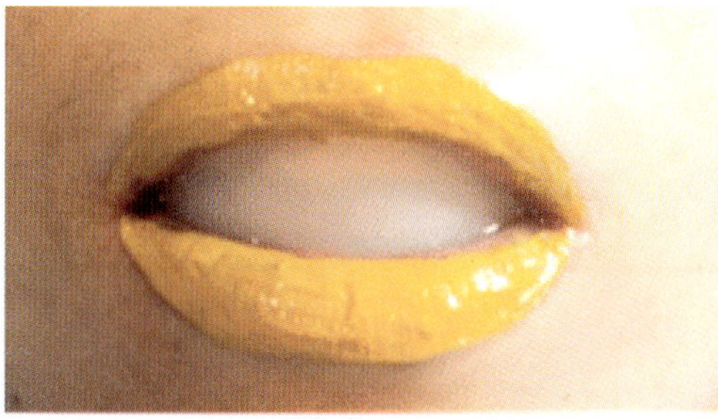

원하는 색이 잘 나오도록 입술색을 밝은 색소로 넣어준다

1차 색소 주입

얇은입술로 두껍게 그려주고 입술끝을 맞추어 준다

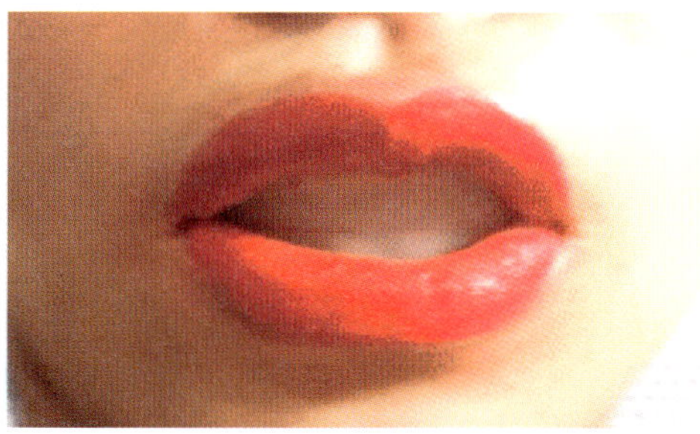

입술디자인을 확인 후 3~4주 후 리터치 시기를 결정한다.

〈그림 5-17〉 입술 반영구 메이크업 시술순서

4) 헤어라인

정수리탈모는 남성들뿐만 아니라 여성들에게도 흔히 발생한다. 여성들은 보통 나이가 들면 모발이 얇아지고, 숱이 없어지면서 파마를 하여도 모발사이로 두피가 비쳐 보이며 이런 경우 보통 치료를 하지 않고 방치하거나 흑채 등을 사용한다. 최근에는 반영구적 시술로 모발이 있는 듯한 효과를 주는 헤어라인 반영구 메이크업을 선호한다.

두피 또는 헤어라인 반영구 메이크업은 보통 1~2시간 정도의 짧은 시술시간과 시술 후 바로 일상생활이 가능할 정도로 부담감이 없는 시술이다. 또한, 두피 반영구 메이크업을 시술할 때 대부분 병원에서 국소마취를 하지 않는데, 그 이유는 우리의 정수리가 감각이 둔한 편이라 시술 중에도 어느 부분을 시술하고 있는지조차 잘 구분하지 못하기 때문이다.

두피 반영구 메이크업은 모발이식보다 부담감이 적지만 보이는 효과가 매우 높아 사람의 관심이 증가하고 있다. 두피 또는 헤어라인 반영구 화장을 고려하는 탈모환자들의 고민은 시술 후 모낭의 손상이나 추후에 모발이식이 가능한지 이다. 모낭은 4~6mm정도 깊이에 위치해 있는데 두피 반영구 화장은 1~2mm깊이에 잉크를 매우 세밀하게 침투시키는 방법으로 안전하다.

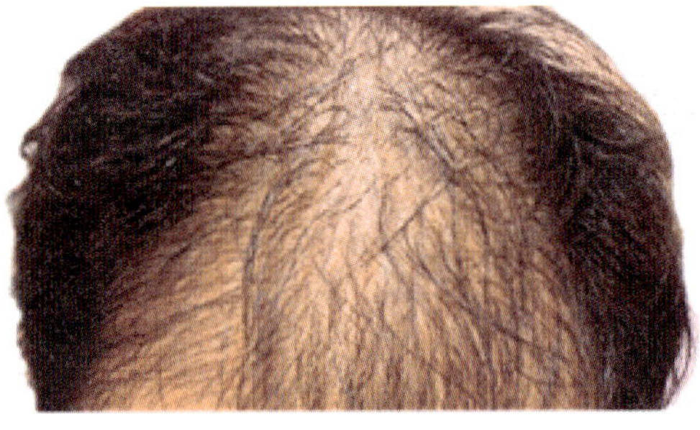

헤어라인 M자와 O자 복합 탈모

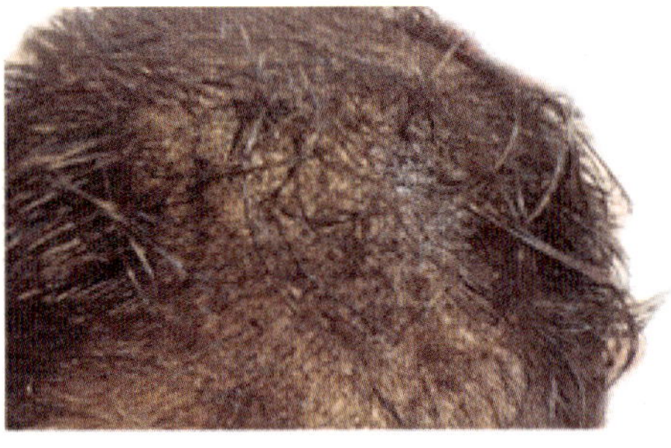

헤어라인 반영구 화장

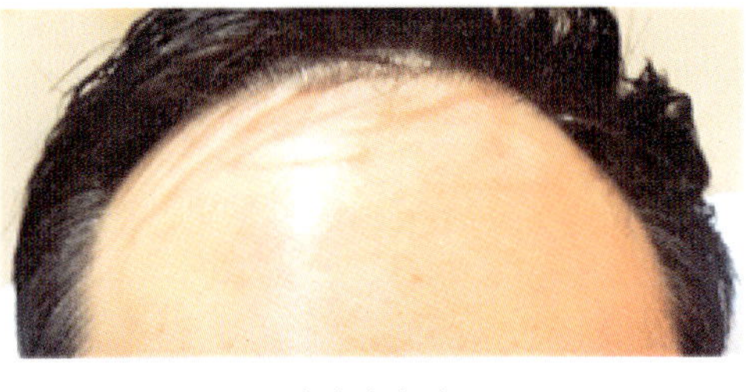

헤어라인 탈모

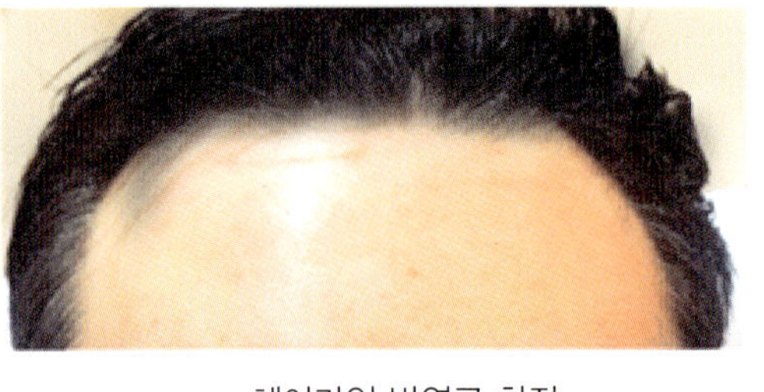

헤어라인 반영구 화장

〈그림 5-18〉 헤어라인 반영구 메이크업

6

제6장
반영구 메이크업의 위생과 관리

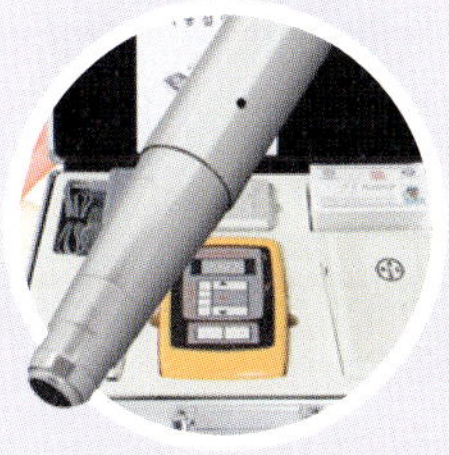

Make Up

제6장 반영구 메이크업의 위생과 관리

1. 위생적인 환경

1) 반영구 메이크업 시술 장소의 위생

① 반영구 메이크업 시술 장소는 쾌적하고 햇빛이 잘 들어오는 곳이 좋다. 환기가 잘되는 공간이어야 하며 시술 침대는 청결해야 하고 커버를 자주 교체해 주어야 한다.

② 민감한 고객은 1인용 시술 장소를 선택하고 색과 디자인이 잘 보이도록 조명은 밝게 한다. 시술대는 청결히 하고 사용하는 모든 제품들은 1회용이나 멸균된 도구를 사용해야 한다.

③ 모든 기기들은 살균처리 되어야 한다. 시술이 끝난 후 도구들은 다시 소독하고 주변의 쓰레기는 폐기한다. 시술 장소에서는 음식이나 음료를 섭치하지 않는다.
뚜껑이 없거나 페달이 달린 쓰레기통을 사용하여 손으로 쓰레기통을 만지지 않는다.

④ 반영구 메이크업 시술 공간과 상담실은 따로 구분하여 조용한 환경에서 시술할 수 있도록 한다.

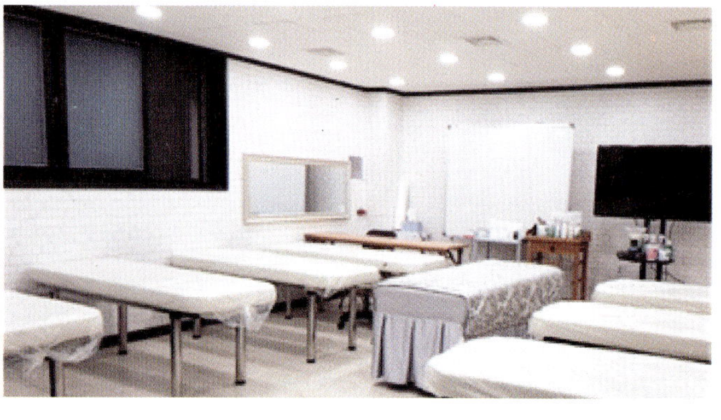

반영구 메이크업 교육 및 시술 장소

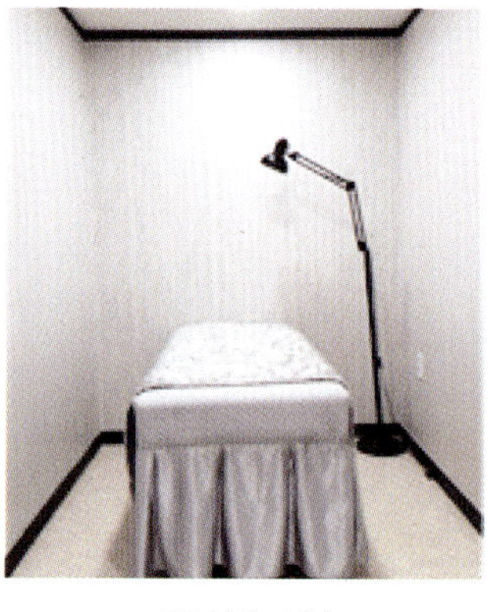

1인시술 장소

〈그림 6-1〉 위생적인 반영구 메이크업 공간

2) 반영구 메이크업 시술자의 위생

① 시술자는 반드시 1회용 마스크를 착용해서 감염 예방에 만전을 기한다.

② 손을 깨끗이 씻고 손 소독을 실시한다. 씻은 손은 다른 것을 만지지 않고 반드시 1회용 멸균장갑을 사용한다. 경우에 따라 장갑 위에 알코올 소독을 한다.

③ 시술자는 감염 예방을 위하여 가운을 착용하고 도구는 소독을 한 후 시술한다.

신체에 착용한 악세사리는 가능한 모두 제거한 후 헤어모자와 마스크를 착용하고 다른 부위를 시술 할 때에는 시술 장갑을 교체한다.

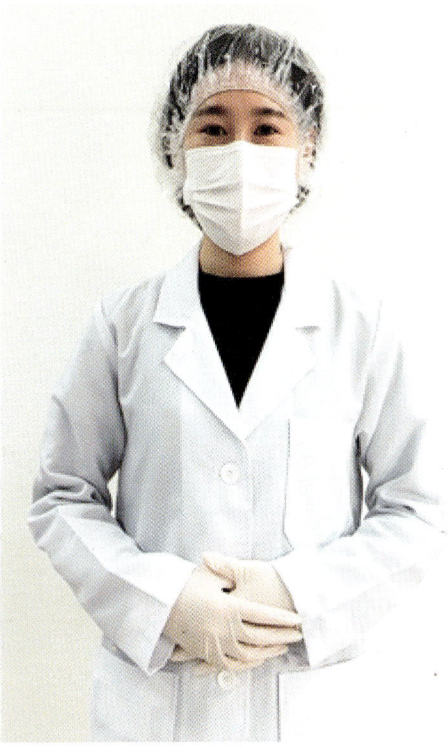

시술 복장

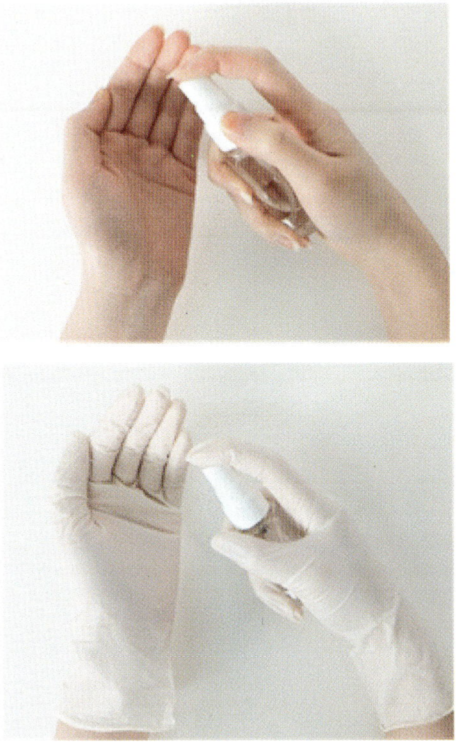

1차, 2차 손소독

〈그림 6-2〉 시술자의 위생 복장

3) 반영구 메이크업 시술시 안전한 방법

① 일회용 멸균바늘을 고객 앞에서 개봉하여야 하며, 일회용 멸균바늘을 사용한다는 것을 고객에게 확인시킨다. 시술대는 잘 정돈하고 사용제품을 항상 청결하게 관리한다.

② 불량의 1회용 니들인지, 아닌지를 반드시 확인한다.

③ 멸균된 니들 개봉 시에는 일회용 멸균 장갑을 착용 후 개봉해야한다.

④ 고객에게 시술 전에 시술결과와 발생할 수 있는 부작용과 확률에 대해 설명하여 신뢰감을 주고 시술에 동의를 받아야 한다.

⑤ 고객차트와 시술동의서는 문서화하여 서명하고 보관한다.

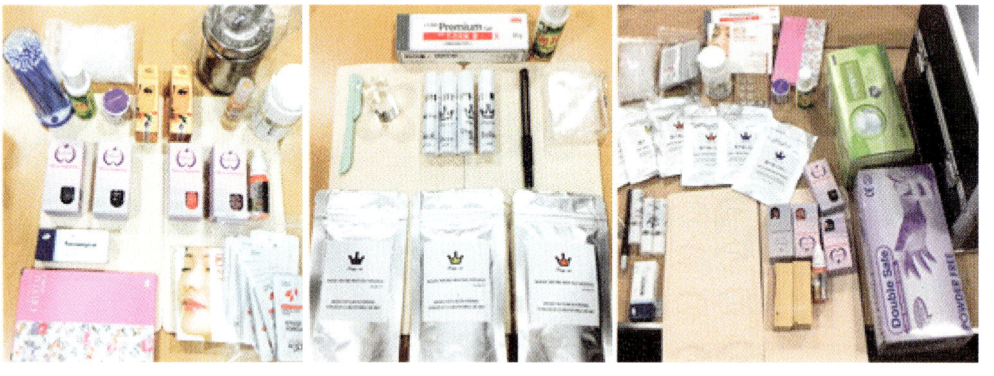

사용재료의 정리

〈그림 6-3〉 위생적인 반영구 메이크업 재료

TIP 혈액과 체액으로부터 지키기 위한 시술자의 안전 조치

- 1회용 장갑과 마스크 사용
- 정기적으로 소독약을 사용하여 손 소독
- 사용한 기기는 꼭 소독과 세척을 하고 니들은 제거 후 폐기 전용 용기에 버림
- 고객과 접촉 후엔 꼭 손 씻기

2. 반영구 메이크업 전·후의 소독

1) 전반적인 위생관리

① 고객에게 반영구 메이크업을 시술하기 전에 기구는 반드시 살균되어 있어야 한다.

② 바늘은 멸균(EO Gas), 감마(Gamma Ray), 증기(Steam) 살균된 일회용 제품만 사용해야 한다.

③ 사용된 1회용 바늘은 법으로 지정된 의료 폐기물 통에 버린다.

④ 사용된 기기들을 멸균처리 하여 보관한다.

⑤ 시술자는 사용된 바늘을 폐기하는 과정에서 상처입지 않도록 주의 한다.

⑥ 반영구 메이크업에 사용되었던 일회용 커버들은 시술이 끝나고 피가 묻었는지 여부에 따라 단순 폐기나 의료 폐기물 통에 버린다.

2) 고객 시술 직후 위생관리

고객의 피부는 보릭솜을 이용해 소독한다.

메이크업 직후에는 피부에 상처가 나 있기 때문에 자극이 되는 소독제는 피해야 한다. 하루에 한 번씩 만들고 냉장보관을 하며 당일 사용 후 남은 솜은 감염을 유발할 수 있으므로 폐기를 원칙으로 한다. 보릭솜을 담는 통은 자외선 살균기로 소독한다.

보릭솜 만들기: 1000cc 멸균증류수에 붕산 10~20g을 넣어 희석한 소독수에 솜을 적셔 만들고 멸균 소독기에 넣어 희석한다.

재료 준비　　멸균증류수 1000cc 붕산10~20g　　희석한 소독수에 솜을 적셔 사용

〈그림 6-4〉 보릭솜 만들기

① **눈썹**

당일 손을 대거나 긁는 등 시술부위에 2차 감염이 되지 않도록 주의하고 특히 24시간은 더욱 주의하고 물이 닿지 않도록 한다. 일주일 간 눈썹 정리는 하지 않는다.

② **아이라인**

당일 콘텍트렌즈 착용을 삼가하고 시술 후 1~2일이 지난 후 착용한다.

인조 속눈썹을 붙였을 경우 시술 전 모두 제거하고 시술 후 10일 이후엔 연장술이 가능하다.

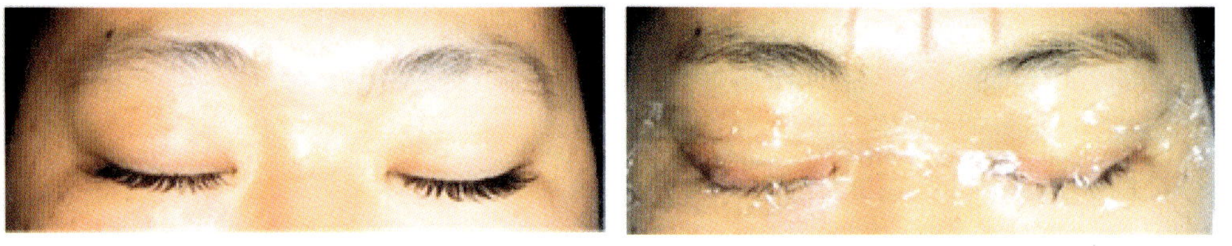

인조 속눈썹이 있는 경우 아이라인을 할 수 없다. 인조 속눈썹을 제거 한 후 마취를 한다.

〈그림 6-5〉 인조 속눈썹 제거

③ **입술**

헤르페스의 출현이 잦은 경우 미리 항바이러스 약을 처방받아 복용해야 한다.(바이러스 보균자)

시술하는 당일까지 보습을 유지하고 시술 전 당뇨, 혈압, 수포가 있는지 꼭 확인한다.

수포가 올라올 경우를 대비하여 '아시클로버 연고'를 준비한다.

시술 후 3~4주 동안 입술전용 립밤이나 재생연고를 수시로 바르고 치아미백의 경우 2개월 이후에 가능하다.

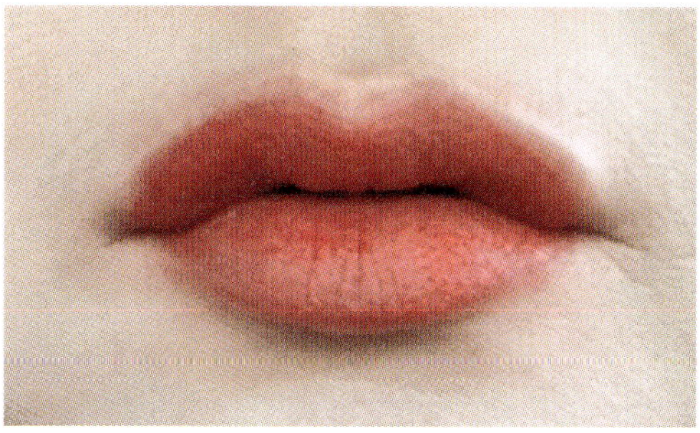

1차 색소 시술

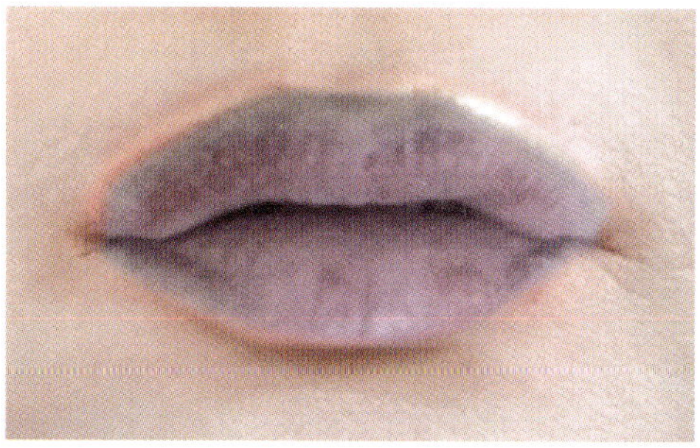

입술 시술 2~3일 후

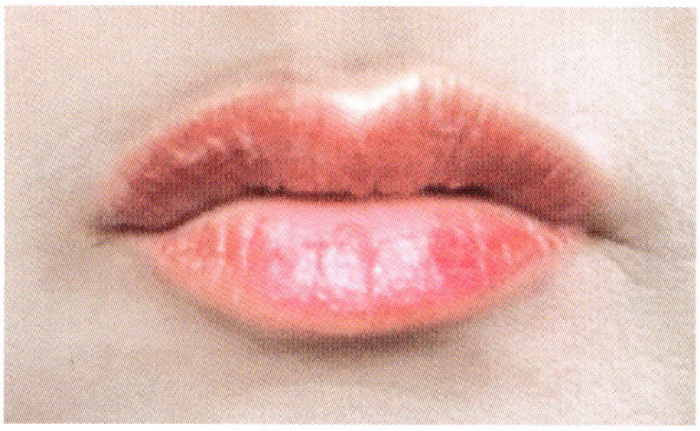

5일 후(각질 떨어짐)

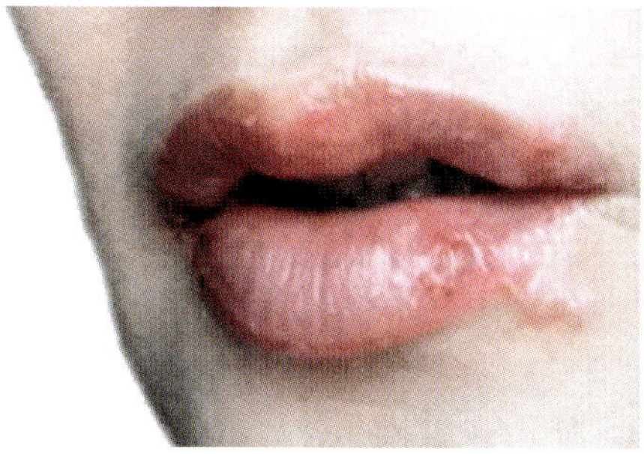

수포가 생기면 항바이러스제를 복용

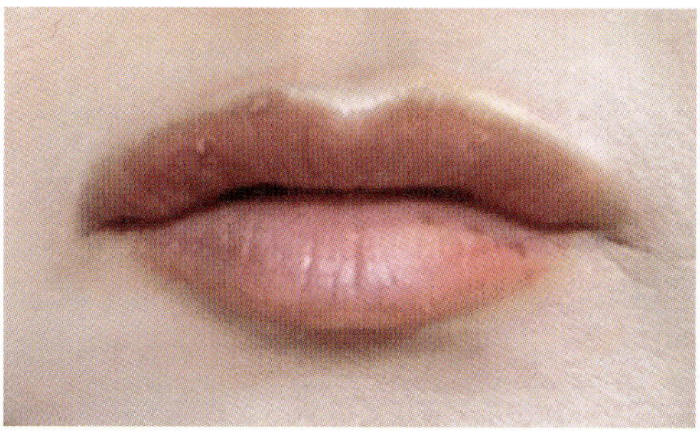

3주 후 각질이 거의 떨어짐

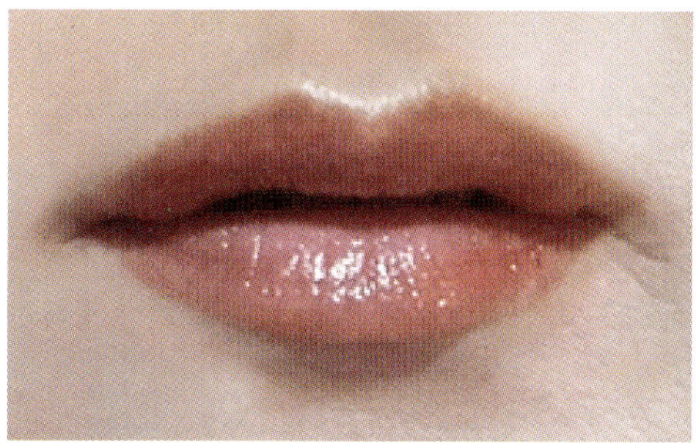

반영구 입술화장 후 립글로즈만 바른상태

〈그림 6-6〉 입술 반영구 과정

3) 시술 후 공통 주의사항

① 7~10일간 수영, 사우나, 땀이 많이 나는 운동을 하지 않는다.

② 3~4일 후부터 각질과 딱지가 생기면서 간지러울 수 있다. 탈각관리는 재생되는 자연현상이므로 인위적으로 긁거나 탈각시키지 않아야 착색이 깨끗하게 된다. 인위로 탈각시킬 경우 색소가 빠질 수 있다.

③ 시술 직후에는 색이 진하고 면이 넓게 느껴지지만 시간이 지나면서 조금씩 흐려지다가 다시 진해지는데 이는 피부에 색소가 주입되어 침착되는 시기에 나타나는 정

상적인 현상으로 각질이 탈락되고 나면 색상은 40~60% 정도 흐려진다고 예상하면 된다.

④ 시술 후 피부가 붓고 붉어질 수 있지만 시간이 지남에 따라 점차 나아지며 시술 후 일주일간은 시술부위에 물이 닿지 않도록 주의한다.

⑤ 3~5일간은 재생연고를 바르고 보습에 신경을 쓴다(마데카솔처럼 상처를 아물게 하는 연고는 색소를 탈각시키기 때문에 사용하면 안됨) .

⑥ 피부가 재생될 때까지는 메이크업을 피하고 술, 담배, 날 음식은 7~10일 동안 피해야 하며 입술은 자극적인 음식도 피한다.

⑦ 몇일동안 계속 상처부위가 붉고 뜨겁고 아픈 증상이 계속된다면 염증을 의심해야 한다. 이 경우엔 의사의 진찰을 받고 적당한 처치를 받도록 한다.

⑧ 아이라인과 입술은 3일정도 냉찜질을 해주면 도움이 되고 콘텍트 렌즈는 붓기가 충분히 가라앉은 후 착용한다.

재생 크림을 바를때는 면봉을 사용한다.　　　　항바이러스 약

〈그림 6-7〉 반영구 메이크업 후 관리

3. 마취연고 종류와 약효 및 부작용

1) 복합 마취연고 (lidocaine prilocaine)

대표 상품명은 Emla cream이며, 이 약을 적용한 후엔 밀봉 테이프로 덮는다. 또한 적용부위에 대한 밀봉은 보통 1~3시간 유지되어야 하며, 밀봉 테이프 제거 후 최소 1시간은 마취효과가 지속 된다.

일반적으로 문신 및 반영구 메이크업 시술에는 최소 40분을 적용한 후 얇은 바늘로 살짝 찔러보아 감각이 없는지 확인 후 시술 할지를 결정한다.

- 주의하여야 할 적용 대상 : 빈혈, 고령자, 중증 간질환자
- 수유부(모유로 분비된다)
- 눈에 들어가지 않게 조심한다. 눈에 들어가는 경우 다량의 식염수로 씻어낸다. 자극현상이 심하면 안과에서 진료를 받는다.

TIP 부작용

- 리도케인 마취제나 아미드계 국소마취제의 과민증환자는 국소 창백, 발적, 부종, 가려움 초기 작열감이 생길 수 있다.
- 상처부위, 접촉성 피부염 환자의 경우는 피부 첩포검사를 한다(귀 뒤, 팔 안쪽에 마취제를 바르고 1시간 뒤에 피부이상 반응을 체크한다. 발진이나 가려움이 심하면 사용하지 않는다).

2) 복합연고 (lidocaine epinephrine)

- 혈관 수축제와 병용하여 마취시간을 늘리고 시술시 출혈을 줄인다.
- epinephine은 혈관 수축기능이 있어 lidocaine의 흡수를 방해하여 마취시간을 길게 할 수 있다. 또 혈관 수축률로 시술시 출혈을 감소시킬 수 있다.

TIP 부작용

- epinephrine이 혈관으로 흡수되면 초조 심박동수 증가, 심계항진이나 흉부 통증이 일어날 수 있다. 과도한 사용은 혈관 수축이 지속되어 국소조직의 저산소증을 유발시켜 창상 치유가 지연되고 조직 내 부종 등을 초래 할 수 있다.
- epinephrine cream의 경우에는 빈도가 적지만 epinephrine주사제로 사용하는 경우에는 혈관의 수축현상으로 조직괴사까지 일어난다.

3) 반영구 메이크업의 통증 완화제

통증을 최소화하기 위하여 반연구화장시 사용하는 연고이다.

- 1차 : 표피 마취
- 2차 : 진피 마취로 구분

반영구화장은 주로 리도카인 성분이 함유된 제품을 많이 사용한다.

① 1차 표면 마취

피부 및 점막에 크림을 도포하여 감각을 마비시키는 방법으로 통증안정제가 도포된 부위에 효과가 나타난다.

발현시간이 오래 걸리고 작용시간은 짧지만 가장 많이 사용된다.

▸ 침윤마취

국소통증 안정제를 주사기로 시술부위에 직접 투여하는 방법으로 투여 시 통증이 수반되고 피부변병 시술시 가장 많이 사용된다.

▸ 팽창마취

지방흡입술에 주로 사용되며 희석된 국소 통증안정제로 에피네프린을 섞어 수술부위의 피하지방층에 주입하여 감각을 마비시킨다.

▸ 주위마취

Local Anesthetic을 피하지방층에 주사하여 근처의 신경에 약제가 확산되어 통증을 완화하여 침윤에 비해 넓은 부위에 사용 할 수 있지만 많은 용량을 사용해야 한다.

② 2차 진피 마취

▸ TAG#45

젤 타입의 제품으로 통증과 붓기, 출혈에 효과적이다.

적용 : 반영구화장 중 사용 리도카인 4% + 에피네프린 0.4mg

니들이 들어가 열려진 피부에만 사용 가능하고 면봉으로 시술 부위에만 조심스럽게 발라야 하며 눈에 들어가지 않도록 주의해야 한다.

▸ Num Quick Pink

아이라이너와 립 시술시 안전하게 사용하며 시술 전 부위에 도포 후 15~20분 정도 방치 후 시술한다.

▸ Num Quick Gel

에피네프린 성분이 포함되어 통증과 붓기에 효과적으로 입술 사용에 적합하고 적용시기는 반영구 화장 전 중에 가능하다.

리도카인 5%, 에피네프린

▶ Blue Gel

붓기와 출혈에 효과적이며 얼굴과 몸에 사용 가능하다.

시술 전 부위에 도포 후 15~20분 후 시술하며 효과가 좋고 2시간 지속한다.

리도카인 4%, 데트라 카인 2%

1차 표면 마취　　2차 진피 마취　　Num Quick Pink

〈그림 6-8〉 반영구화장의 통증 완화제

마취된 부위가 하얗게 보일 때 마취가 잘 된 것이며 피부색이 노랗게 변할 정도로 마취가 되면 오히려 반영구화장 시술시 색소가 잘 주입 되지 않아 효과가 떨어진다.

표면 통증안정제 부작용	절대 투여하면 안되는 사람
• 중추신경계 이상 두통, 감각이상, 이명, 불안, 경련, 졸음, 메스꺼움, 혼수상태 • 면역계이상 알레르기, 홍반, 두드러기, 부종, 저혈압과 혈압의 변화	• 출혈이나 쇼크 상태의 환자 • 패혈증 환자 • 리도카인이나 아미드계 과민증 환자 • 주사부위에 염증이 있는 환자 • 소아마비, 임산부, 어린이, 중증 고혈압 환자

TIP 보관 및 주의사항

1. 사용 후 뚜껑을 꼭 닫는다.
2. 유통기한을 준수하며 햇빛이 들어오지 않는 서늘한 장소에 보관한다.
3. 산화되어 갈변되었는지 확인한다.
4. 통증안정제에 대한 알레르기가 없는지 확인한다.
5. 아이라인이 눈에 들어가지 않도록 주의하고 들어가면 식염수로 흘려보내 듯 씻어낸다.

4. 반영구 메이크업의 상담

현재 우리나라는 반영구 메이크업의 수요가 늘어나는 추세이며, 날씨의 변화로 인해, 일반 메이크업의 들뜸과 수정메이크업의 불편함으로 메이크업 시장이 바뀌는 추세이다. 또한 전 세계적인 온난화 현상으로 피지 분비량이 10% 정도 증가하여 메이크업이 번지지 않는 눈썹문신이나 아이라인문신, 입술문신, 헤어라인문신 등의 반영구화장이 필수적인 시술로 자리 잡아 가고 있다.

반영구 메이크업은 맨얼굴에도 또렷한 이목구비의 이미지를 나타낼 수 있고, 바쁜 아침 화장에 많은 시간을 투자할 필요가 없다. 반영구 메이크업은 피부에 색을 착색시켜 반영구적으로 화장을 유지하는 방법이기 때문에 이로 인한 여러 가지 문제점이 생길 수 있다. 특히 여러 가지 감염이 피부를 뚫는 바늘을 통해 전파될 수 있기 때문에 위생적이고 일회용 바늘을 사용하는 병원에서 시술 받아야 한다.

1) 반영구 메이크업 상담

고객상담(피부색, 유형상담) → 디자인 상의 → 시술 전 사진 촬영 → 1차 통증완화제 도포(30분 방치) → 색소 색상 확인 → 디자인 합의 → 시술 시작 → 관리

고객과의 충분한 상담은 고객의 요구를 적절히 수용하여 시술시 따르는 통증, 부종, 붉게 되는 것을 충분히 설명하고 고객의 의료프로필을 충분히 파악하여 그에 따른 부연 설명을 충분히 상담하는 것이 중요하다.

체크리스트 작성 후 고객의 질병 및 피부상태에 대해 파악하고 동의서를 작성한다.

반영구 메이크업은 시간이 지나면서 자연스럽게 탈각되므로 유행에 어울리는 디자인과 색상을 선택하여 재시술이 가능하다는 장점이 있어 고객에게 영구문신과는 전혀 다른 기법임을 설명한다.

2) 시술전 상담

시술 전 고객과의 상담을 통해 반영구 메이크업의 진행과정을 설명하고 장 단점과 부작용 등을 충분히 설명하여 인지시킨다.

반영구 메이크업은 아트 메이크업, 세미퍼머넌트 메이크업 또는 반영구 화장이라 불리는데 이름처럼 윤곽선을 또렷하게 그려서 오래 지속되게 하는 메이크업이다.

① 피부성질 검사 방법

이 방법은 환자가 마취연고와 색소에 대해 알레르기 반응을 보이는지 미리 검사하는 것으로 검사 직후와 24시간 이후에 이상 반응이 나타나는지 확인해야 한다. 머리 뒤쪽 귀에 가까운 피부에 바늘로 몇 점을 찍어 알레르기 반응이 나타나면 빨갛게 부어오른다. 가렵거나 부어오르거나 피가 응고되지 않으면 본 시술에 들어가지 않는다.

② 알레르기 반응

시술받을 고객의 경우 색소나 바늘의 금속 알레르기 반응이 있는 경우는 시술 2~3일전에 알레르기 피부 테스트를 해야 한다.

TIP 시술전 반드시 확인해야 하는 특이사항

복용중인 약물

- 눈 떨림이 심하거나 눈물을 많이 흘리는 경우 아이라인 시술이 어렵다.
- 지난 1년 동안 수술 유 무와 향 후 수술 계획
- 아이라인 시술시 속눈썹 연장을 한 경우에는 속눈썹을 제거 한 후에 시술이 가능함
- 렌즈 착용자는 시술 당일이나 다음날은 렌즈를 착용하지 않는 것이 좋다.
- 켈로이드 피부나 문제성 피부인지 문의하고 의사와 상담 후 진행 여부 결정
- 시술 후 3일 이상 금주해야 함
- 입술을 시술 할 때는 수포가 잘 생기는지 확인하고, 수포가 많이 생기는 사람은 시술 전 수포 방지 약을 복용하고 시술 받는 것이 안전하다.
- 지성피부인 경우 색소 번짐이나 모낭충 등을 확인하고 의사와 상담 후 진행여부 결정
- 재시술의 경우 피부의 상처가 회복 된 이후 진행 함
- 색소나 마취제의 알레르기 테스트를 진행

5. 시술 과정 및 주의사항

1) 각 부위별 시술과정

반영구 메이크업은 화학약품 등으로 문신을 하는 것이 아니라 천연 미네랄(무기염료)색소를 사용한다. 또한 식약처(FDA)에서 허가한 제품만을 사용하여 엄격한 위생관리 하에 시술이 이루어지기 때문에 안심하고 받으실 수 있다는 것을 설명한다.

① 눈썹부위 시술

눈썹 숱이 적거나 흐린 경우와 눈썹이 비대칭인 사람들에게 선호 받는 부위이다. 피부가 약하면 각질이나 붓는 현상이 생길 수 있기 때문에 반드시 전문의와 상의하고 시술해야 한다. 또한 자신의 피부와 헤어 색상과 조화되도록 시술해야 하므로 충분히 고려한 후에 시술 받아야 한다.

▸ 시술과정

1. 고객차트 내용을 토대로 상담을 하며 특이사항을 꼼꼼히 체크한다.
2. 시술부위를 소독 후 1차 통증완화제를 바르고 30분간 랩을 씌워 놓는다.
3. 20분 경과 시 색소 배합을 하고 색소테스트를 통해 고객과 상의 후 결정한다.
4. 30분 경과 후 연고를 닦아내고 디자인한 후, 1차 시술을 한다.
5. 1차 시술 후 고객이 통증을 느끼면 2차 통증 완화제를 도포 후 4~5분 방치 후 2, 3차 시술을 한다.
6. 시술 후 고객에게 보여드리고 시술을 마무리 한다.
7. 관리 방법을 설명하고 리터치시기를 결정한다.

② 아이라인 시술

속눈썹 사이사이를 메우는 것으로 안과질환이나 민감한 눈을 가진 사람은 피하는 것이 좋다. 다른 피부에 비해 연약하고 예민한 부위이기 때문에 통증이 심할 수 있으므로 유념해야 한다.

▸ 시술과정

1. 고객차트 내용을 토대로 상담을 하며 특이사항을 꼼꼼히 체크한다.
2. 시술부위를 소독 후 1차 통증완화제를 눈을 살짝들어 눈에 들어가지 않도록 주의하며 바르고 30분간 랩을 씌워 놓는다.
3. 20분 경과시 색소 배합을 하고 색소테스트를 통해 고객과 상의 후 결정한다.
   아이라인은 검정색을 사용하며 붉은색을 1/10 정도 넣으면 시간이 지남에 따라 푸른색으로 변하는 것을 방지 할 수 있다.
4. 30분 경과 후 연고를 닦아내고, 1차 시술을 한다.
5. 1차 시술 후 고객이 통증을 느끼면 2차 통증 완화제를 도포 후 4~5분 방치 후 2, 3차 시술을 한다.

6. 시술이 끝나면 식염수나 인공눈물로 헹구고 고객에게 보여드린다.
7. 관리 방법을 설명하고 리터치시기를 결정한다.

③ 입술 시술

보통 다크 레드 컬러가 가장 아름답고 입술색이 선명하면서 무난하게 표현된다. 또한 붉은색 계열에 오렌지색 계열을 섞으면 화사하면서도 청순한 느낌이 난다.

하지만 가장 중요한 것은 본인의 입술색, 피부색과 어울리는 색을 고르는 것이 중요하다. 또한 입술은 피부가 얇고 신경이 많이 몰려 있는 부위이므로 의사와의 상담으로 충분한 통증관리를 받는 것이 좋다.

▶ 시술과정

1. 고객차트 내용을 토대로 상담을 하며 특이사항을 꼼꼼히 체크한다.
2. 스팀타올로 입술을 불리고 필링겔로 입술의 각질을 제거한다.
3. 시술부위를 소독 후 1차 통증완화제를 바르거나 입술전용패치를 바르고 30분간 랩을 씌워 빠른 흡수를 돕는다.
4. 색소테스트를 통해 고객과 상의 후 결정한다.
5. 30분 경과 후 연고를 닦아내고 디자인한 후, 1차 시술은 입술라인을 먼저 시술하고 입술이 어둡거나 반점이 있는 경우 밝은 색이나 오렌지색으로 입술 색을 톤 업 시킨다.
6. 1차 시술 후 고객이 통증을 느끼면 2차 통증 완화제를 도포 후 4~5분 랩핑한다.
7. 2, 3차 시술을 하며 선이 나타나지 않게 꼼꼼하게 색을 주입하고 입술 안쪽을 조금 더 진하게 시술한다.
8. 시술 후 고객에게 보여드리고 입술 보습제를 바르고 시술을 마무리 한다.
9. 관리 방법을 설명하고 리터치시기를 결정한다.

TIP 반영구 메이크업 시술이 불가능한 경우

1. 피부암 환자, 백혈병, 혈우병, 임산부(초기), 간질병 환자, 바이러스 환자
2. 눈썹 시술시 - 눈썹이식 수술 후 2개월 이내일 경우
3. 아이라인 시술시 - 라식 수술 3개월 이내일 경우, 쌍꺼풀 수술 6개월 이내일 경우
4. 입술 시술시 - 입술 지방주입 수술 6개월 이내일 경우

TIP 반영구 메이크업 시술에 주의를 요하는 경우

1. 류머티스 관절염, 중풍, 심장질환 : 복용약이 피를 묽게 해 상처가 잘 아물지 않을 때
2. 고혈압 : 시술시 스트레스를 받아 혈압이 상승하게 될 가능성
3. 당뇨병 : 시술 후 상처가 잘 아물지 않으며, 저혈당이 될 가능성
4. 케미컬 알러지 : 색소, 기계바늘 등에 알러지 반응을 일으킬 가능성
5. 생리중인 여성 : 혈관이 확장되어 색소가 피부에 착색이 잘 되지 않을 수 있음
6. 켈로이드 체질 : 시술시 상처가 생기면 상처가 아물면서 원래의 상처 크기보다 더 크게 튀어나오는 흉이 만들어질 가능성이 크므로 켈로이드 체질일 경우는 켈로이드가 발생될 확률이 있음을 설명한 후 시술 동의서에 자필로 동의 여부를 기록한다.

▸ 시술방법

1. 마취연고를 바르거나(30분정도), 리도케인 국소마취를 한다.
2. 고객과의 협의를 통해 반영구 화장 스타일을 디자인한다.
3. 시술 시간은 눈썹 30분, 아이라인 20분, 입술 30분~1시간 소요한다.

2) 시술 후 주의사항

다음의 주의사항은 시술 후 부작용을 예방하고 색소가 잘 자리 잡기 위한 것으로 잘지키지 않을 경우 색소의 소실 혹은 변색되거나 감염될 우려가 있으므로 시술 전 반드시 설명한다.

▸ 고객이 지켜야 할 주의사항

1. 하루나 이틀 정도는 부을 수 있으며 부작용이 아닙니다.
2. 시술 다음날부터 가벼운 세안이 가능하며 이틀 후부터 비누 세안, 사우나, 수영 등이 가능합니다.
3. 각질이 벗겨지기 전까지 각질 제거제나 흉터용 연고를 사용하지 마십시오.
4. 각질은 억지로 벗기지 말고 자연스럽게 떨어질 때까지 기다리셔야 합니다.
5. 입술 시술 후에는 3일 동안 휴지로 입술을 닦거나 문지르지 마십시오.
6. 입술 시술 후 뜯어먹는 요리(갈비, 게), 뜨겁거나 찬 것, 자극적인 음식, 쓰던 립스틱은 감염 우려가 있으니 피해야 합니다.
7. 입술 시술 후 치아미백은 2달 후 가능하며, 샤워 시엔 바세린을 바르고 샤워 하십시오.

8. Herpes infection에 사용하는 연고는 손가락 대신 면봉을 사용해 입술에 바릅니다.
9. 아이라인 시술 후 짙은 섀도, 마스카라나 속눈썹 파마는 2주간 피합니다.
10. 아이라인 시술 당일과 다음날 붓기는 냉찜질을 해주면 효과적입니다(아이마스크가 없으면 냉동실에 수저를 잠깐 넣었다 꺼내서 사용합니다).
11. 리터치는 눈썹, 아이라인은 최소 3주 이후, 입술은 4주 이후에 합니다.
12. 시술 후 5일 동안 비누 세안, 치약거품, 사우나, 수영, 돼지고기, 닭고기, 담배, 술은 피합니다(각질탈락, 세포재생, 색소침착을 방해하기 때문입니다).
13. 샤워시에는 눈썹,입술에 바셀린을 바르고 씻도록 합니다(시술당일은 물이 닿지 않도록 합니다).

6. 아로마테라피 매커니즘(Aromatherapy mechanism)

고객에게 심리적으로 편안한 느낌을 주도록 아로마 테라피를 함께 진행하면 도움을 줄 수 있다. 아로마테라피는 향기 나는 식물에서 추출한 허브 에센셜오일을 사용함으로써 몸과 마음, 영혼까지 치료하고 강화시켜 주는 현대의학을 보완대체 할 수 있는 효과적인 자연치유방법이다. 반영구 메이크업의 시술 시 또는 시술 후 아로마테라피를 통해 행복감과 통증을 완화 할 수 있다면 피부 재생과 치료에 도움을 줄 수 있다.

1) 후각체계(Olfactory system)

후각은 인간의 가장 중요한 감각기관 중의 하나로써 에센셜오일이 흡입되었을 때 후각세포가 위치해 있는 코의 천장으로 바로 들어가게 된다. 이곳에서 전기화학적인 신호가 후각에 관련한 정보들이 뇌의 변연계로 보내지게 되며 신경화학물질을 유발시키게 되어 진정작용, 통증경감 등의 효과가 나타나게 된다.

에센셜오일은 그 성분이 소량 흡입 또는 주입을 통해서 혈관으로 흡수되며 약리학적 성분들은 중추신경계나 내분비 계통을 통해 정신 상태에 영향을 준다.

2) 진정(sedative)

라벤더(Lavendula angustifolia)에센셜오일은 수 많은 안정, 진정제로 스트레스 증상까지

완화시킨다는 연구결과들이 학자들에 의해 많이 연구되었고 과학적으로도 도출되었다. 진경 작용의 에센셜오일은 항경련제로 알려져 있으며 가장 일반적이고 잘 알려진 에센셜 오일인 페퍼민트는 근육경련을 진정시키는 작용으로 매우 광범위하게 연구되었다.

3) 통증(Pain)

통증은 인간의 심리적·정신적 상태와 매우 밀접하게 연관되어 있으며, 기쁨과 안정은 통증을 감소시키는 요인으로 작용할 수 있어 아플 때 향기를 통해 자가 치료에 도움을 받을 수 있다.

접촉, 긴장 완화 그리고 즐거움 등의 감각은 개인이 느끼는 중요한 통증인식을 가지고 있는데 아로마테라피는 엔돌핀과 밀접하게 연결되어 감지시스템에 작용하고 부교감 신경 반응을 강화시킨다. 아로마테라피는 통증을 완화시키는데 도움이 될 수 있으며, 마사지나 연속된 동작으로 희석된 에센셜오일을 바르는 것은 긴장을 완화시켜주며 또한 에센셜 오일의 향은 행복감을 준다.

7. 고객관리카드와 반영구 시술 동의서

고객에게 직접 본인에게 해당되는 부분을 체크(√)하게 하고 일부 질환은 반영구 메이크업이 불가능할 수 있음을 설명한다.

심장병		알레르기	
고혈압		정신질환 유무	
당뇨병		아토피 피부	
혈액질환(혈우병, 백혈병)		켈로이드 체질	
피부암		생리 중	
여드름 치료제 복용 중		수유중	
알코올 중독 치료제 복용 중		임신 중	
헤르페스		인구 건조증	

반영구 메이크업은 피부에 상처를 내는 시술이므로 의사와 충분히 상담하고 진단이 선행되어야 한다. 특히 질환이 있는 경우, 고객에게 부작용 및 주의사항을 설명한 후 고객이 직접 진행여부를 결정하고 시술동의서에 사인 후 각별히 주의하여 시행한다.

ADVICE

개인정보수집 이용동의서

- 개인정보수집 및 이용에 대해 동의를 얻기 위해 작성하는 양식으로 개인정보를 수집하고 이용하는 기관명과 개인정보수집 이용범위와 사용목적을 정확하게 밝힌다.
- 동의자의 성명, 주민등록번호 등을 기재하고 서명 날인을 받도록 한다.

개인 정보동의서

제 15조(개인정보의 수집, 이용)

개인정보처리자는 다음 각 호의 어느 하나에 해당하는 경우에는 개인정보를 수집 할 수 있으며 그 수집의 목적의 범위에서 이용 할 수 있다.

정보 주체의 동의를 받은 경우

제 17조(개인정보의 제공)

개인정보처리자는 다음 각 호의 어느 하나에 해당되는 경우에는 정보 주체의 개인정보를 제 3자에게 제공할 수 있다.

고객관리카드

- 성함:
- 전화번호:
- e-Mail:
- 주소:

상담 내용 및 특이 사항(병력)

1.
2.
3.
4.
6.
7.

시술 전사진	1차 시술사진	2차 시술 사진

반영구 메이크업 시술 동의서

고객 ______________ 님에게

년　　월　　일에 아래와 같이 설명하였습니다.

반영구 메이크업 시술자 ______________

아래 내용 숙지 후 체크 합니다. (예-(0))

1. 반영구 메이크업/ 수정시술의 결과에 대해 어떤 보장이나 보증을 약속하지 않습니다. □
2. 반영구 메이크업 시술 후 최종 결과에 대해서도 어떤 보장을 하지 않습니다. □
3. 반영구 메이크업/ 시술/ 수정시술 관련하여 위험성과 유해성이 있을 수 있습니다. □
4. 반영구 메이크업 시술시 와, 치유기간 동안에 불편함이 있을 수 있음을 인지하고 있습니다. □
5. 반영구 메이크업 시술시 출혈, 부기, 색소에 알레르기 반응 가능성이 있습니다. □
6. 시술 결과시 영구적일 수 있으며, 시간이 흐름에 따라 색소 색이 탈색될 수 있습니다. □
7. 반영구 메이크업 제거 시술은 전문 의료과정을 통해서만이 제거될 수 있으며, 효과적인 제거수술도 영구적인 흉터 또는 외관손상을 있을 수 있습니다. □
8. 반영구 메이크업 시술시 색소 번짐, 색 변환이 있을 수 있으며, 희박하지만 속눈썹을 상실할 수도 있습니다. □
9. 시술과 관련한 위험성과 유해성에 대해 고객에게 질문을 할 수 있는 상당의 기회를 가졌습니다. □
10. 본인은 자발적으로 동의하였습니다. □
11. 1~10의 내용을 충분히 숙지 후 동의함을 인정합니다. □
    - 본인은 자발적으로 동의 하였으며, 시술 전 후 발생하는 모든 책임이 본인에게 있음을 인지한다. 본인은 시술 결과에 있어서 어떠한 이의 제기도 하지 않을 것이다. □
    - 본 동의서는 본인이 직접 작성하였으며, 주의사항 불이행시 본인이 책임을 지는 것에 동의한다. □

날짜 20　년　월　일　　성명 ______________ 인(사인)

<table>
<tr><th colspan="3">페이스아트 Make-up 고객차트</th></tr>
<tr><td>이 름</td><td></td><td rowspan="8"></td></tr>
<tr><td>생년월일</td><td>년 월 일 (양, 음)</td></tr>
<tr><td>주 소</td><td></td></tr>
<tr><td>전화번호</td><td></td></tr>
<tr><td>E-Mail</td><td></td></tr>
<tr><td>소개하신 분</td><td></td></tr>
<tr><td>질병여부</td><td></td></tr>
<tr><td>전 시술여부</td><td></td></tr>
<tr><td>시술날짜
& 참고</td><td colspan="2">속눈썹 / 아이라인 반영구 / 눈썹 반영구 / 입술 반영구 /
헤어라인 반영구 / 기타</td></tr>
</table>

〈시술 전 사진〉	〈시술 후 사진〉

8. 반영구 메이크업의 부작용

1) 감염

바이러스 감염 및 세균간염과 같은 감염성 질병의 전파가 가능하며, 반드시 멸균된 1회용 바늘과 기구를 사용해야 한다. 철저히 멸균된 일회용바늘을 이용하는 경우에도 바늘을 장착하는 장비의 구조상 바늘이 오염될 소지가 있다. 시술자는 시술 전 손을 깨끗이 씻어야 하며 직접 고객의 피부와 접촉을 방지하고자 위생장갑을 꼭 착용해야 한다. 또한 시술후의 고객은 1주일간 감염관리에 필히 신경을 써야한다.

- 화농성 세균에 의한 감염
- 결핵, 매독, 나병, 에이즈 : 이전에는 이들 질환의 감염이 문제가 되었다.
- B형 간염

2) 비후성 반흔 및 켈로이드

보통 진피 유두부 상층까지의 상처는 반흔이 생기지 않지만 너무 깊이 시술하면 감염 및 이물 반응 등으로 비후성 반흔이나 켈로이드가 생길 수 있다.

켈로이드 체질이라면 시술 후 그 자리에 켈로이드가 발생할 소지가 있다. 켈로이드는 피부가 외상을 입었을 때 생길 수 있는데, 문신이나 반영구 화장은 일종의 외상이기 때문이다. 켈로이드는 문신이나 반영구 화장 시술을 했을 때 보다 기존 문신이나 반영구 화장 시술 부위의 제거술 이후에 더욱 잘 발생한다.

3) 알레르기 반응

피부 내에 여러 가지 물질이 들어가면 물질에 따라 항원이 되어서 알레르기반응을 일으킨다. 매우 드물지만 만약 알레르기가 발생하다면 색소 자체를 제거하는 것이 어렵기 때문에 심각한 문제가 될 수 있다. 색소의 주된 원료가 iron oxide이므로 시술 받을 사람이 iron oxide에 대해 알레르기가 있을 가능성이 있으면 반드시 피부반응 검사를 받아야 한다.

4) 색소 제거의 문제

레이저 기술이 발달되어 있어도 색소를 완전히 지워 이전 상태로 돌리기는 쉽지 않다.

흉터를 남기지 않고 색소를 완전히 제거하는 것은 매우 어렵고, 레이저 시술 자체가 통증을 수반하며 여러 차례의 반복시술을 요한다. 또한 색의 자연스러움을 위해 갈색이 들어가면서 검은 색만 쓰던 예전과 달리 색소를 제거하는 것이 더욱 어려워 졌다. 각종 색소제를 피부에 주입하기 때문에 색소에 대한 국소 이물반응을 나타나기도 한다.

5) 육아종

색소 입자를 이물질로 인식하여 색소 입자 주변에 결절이 발생할 수 있다. 활석(Talc) 화장품에서는 탈크 혹은 탤크로 불리는 성분이 있는 색소에서 주로 보고 되고 있다.

6) MRI 문제

MRI 촬영시 시술 받은 부위에 부종이 생기거나 화상을 입는 경우가 보고되었고 MRI 이미지를 방해하는 경우가 있다고 보고되었다. 특히 아이라인 시술을 받은 사람이 눈에 MRI 촬영을 할 때 이미지가 방해 받는데 이는 색소 내 iron oxide와 같은 금속 성분과 MRI가 상호 반응을 일으키기 때문이다. 그러나 피부에 주입되는 색소는 극소량이기 때문에 이런 문제는 매우 드물게 발생하며, 발생한다 하더라도 일시적으로 나타났다가 특별한 후유증 없이 사라진다.

7) 단순포진

과거 단순포진 바이러스에 감염되었던 사람에게 재발성 단순포진이 발생할 수 있다. 보통 여러 개의 붉은 물집을 동반한 융기로 시작되는데, 처음 1~2일에는 입술주위에 통증이 있다가 여러 개의 작은 물집이 생긴다. 이때 발열, 전신무력감, 근육통, 림프절이 붓는 등 다양한 전신 증세가 나타나며 물집은 며칠 후 저절로 터져 흉터를 남기지 않고 회복되는데 기간은 1~3주 정도 걸린다. 일단 발생하면 약물치료로 항바이러스제를 바르거나 복용하며, 세균의 2차 감염을 방지하기 위해 항생제 연고를 바른다. 물집이 있는 경우, 냉습포 요법이 효과적이다.

9. 반영구 메이크업 부위의 제거

반영구 메이크업을 제거하는 방법은 기본적으로 문신을 제거하는 방법과 유사하다. 그 종류로는 레이저, 박피술, 난자법, 외과적 절제술 등이 있으나 각 방법마다 후유증이 동반될 수 있어 주의가 필요하다.

1) 레이저 제거술

다른 제거 방법보다 비교적 쉽고 효과적으로 제거가 가능하다. 보통 한 번에 제거되기보다는 2개월 간격으로 여러 차례 시술을 받아야 한다. 경우에 따라 정상 피부색보다 오히려 피부색이 더 밝아지는 저색소 침착증이 생길 수 있다. 처음 시술 방법에 따라 문신의 색소는 지워져도 결의 변화가 남는 경우가 있다.

① 큰 손상 없이 피부의 색소입자를 분해시키며, 기타 방법 및 약물 등으로 수정이 불가능한 부위의 색소를 제거 할수 있으며, 피부의 통증이 적고 피부의 재생이 및 회복이 빠르고 시술 부작용이 적다.

② 수정 색소 등 보조제품을 이용하여 시술을 교정하는 작업은 오히려 피부의 흉터 및 영구 색소침착을 유발할 수 있어 주의해야 하며, 시술한지 1-2 시간 정도 지났을 경우에는 식염수를 이용해 색소 제거를 시도해 보는 것이 좋다. 일주일이상 기간이 지난 영구 및 반영구 문신의 경우에는 위의 방법은 불가능하다. 이러한 경우에는 Q-SW레이저를 이용해 처치한다.

③ 고객 불만사항은 디자인의 불만족이며, 디자인의 문제점이 발생 시 바로 수정 되지 않으면 Q-SW laser로 제거해야 한다(Q-SW :Nd-yag, Alexandrite, Ruby). 색소를 완전히 제거하거나 이전 상태로 피부가 회복되기까지 1년 정도의 시간이 걸릴 수 있다. 또한 빠른 결과를 위해 강한 레이저 시술은 비 후성 흉터가 생길 수 있으며, 색소의 질이 낮은 색소 사용이나 시술의 깊이 조절이 불규칙적이면 제거가 어려울 수도 있기 때문에 디자인에 대한 수정은 더욱 신중하게 해야 한다.

④ 레이저의 유의사항은 국내외 시험규격으로 검증되지 않은 제품의 경우 불법적으로 유통, 판매되는 것에 유의해야 한다. 이러한 제품들은 피부에 치명적 손상을 줄 수 있다. 따라서 식약처 인증이 되어 있는 제품인지, 문신제거의 용도로 허가가 되어 있

는지, 제조사의 제품 설명서 기계사용 방법 등 사용방법의 교육을 숙지시켜 주었는지 A/S처리가 확실한지 확인한다.

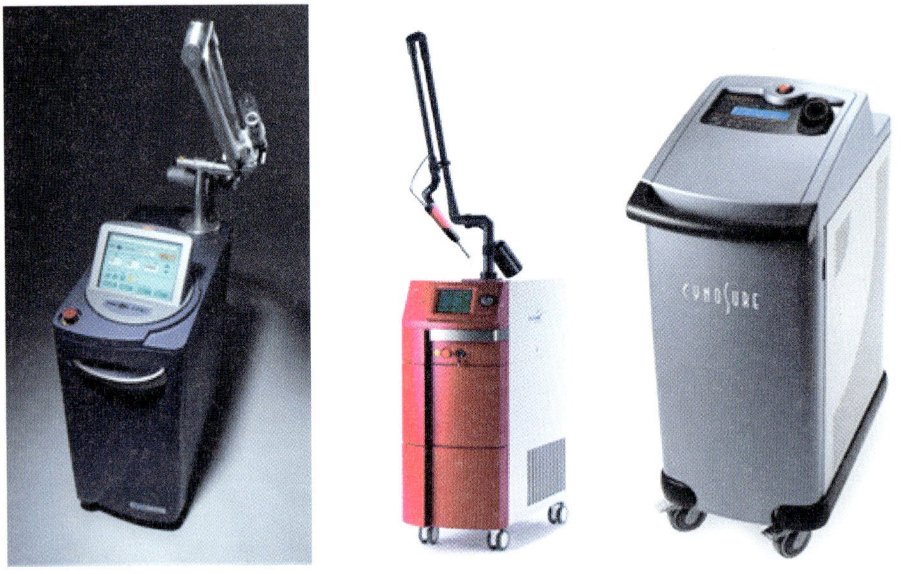

레블 라이트 　　 루비 　　 아꼴레이드

〈그림 6-9〉 색소 레이저 기기

2) 박피술

피부층을 솔이나 미세 다이아몬드 가루로 마모시켜 벗겨내는 방법으로 이 방법은 피부에 흉터를 남길 가능성이 있어 현재는 사용을 피한다.

3) 염장박피술(salabrasion)

소금 용액을 색소 제거에 사용하며, 때로는 박피술과 병행하여 사용하였으나 현재는 점차 사용되지 않는 방법이다.

4) 난자법(scarification)

산성 용액으로 색소를 제거하고 그 자리에 흉터가 생기게 하는 방법으로 흉터가 생기므로 사용하지 않는다.

5) 외과적 절제술

문신 부위를 절제하는 것으로 레이져 등으로 치료해도 이물감이 남는 경우 마지막 방법으로 사용하는데 흉터가 남는다.

Q & A 반영구 메이크업의 잘못된 인식

1 눈썹(자연눈썹, 화장눈썹) 시술을 받을 때 피가 나도록 해야 색이 잘 들어간다?

절대 그렇지 않다. 시술 받으시는 고객이 컨디션이 안 좋으시거나 여자분들 같은 경우는 생리 중일 때 통증을 호소할 수 있다. 마취를 하여도 통증이 전혀 없다고는 볼 수 없다.하지만 피가 날 정도로 해야 색소가 착색이 잘 된다는 것은 잘못된 상식이다.피가 나게 시술을 했을 시에 나타날 수 있는 문제점은 번짐 현상으로 색이 번져보이는 것은 피가 났을 때 나타날 수 있는 현상이다.

2 아이라인 시술은 빨리 시술해야 초보가 아니다?

아이라인 시술은 빨리 시술하시는 원장님들이 있는데 빨리 시술하시는 것이 잘못된 것은 아니다. 그렇다고 시간을 두고 시술하시는 원장님들 또한 잘못된 것이 아니다. 시술하시는 분들마다 테크닉이 다르기 때문에 시간적인 차이가 날 수 있다.

ADVICE

현재 우리나라는 문신, 반영구 화장(메이크업)은 의료 행위로 간주되어 있다.
판결 문 : "문신 시술 행위는 의학적 전문 지식으로 진찰, 처방, 투약 등을 시행해 질병 예방이나 지도를 하는 의료 행위로 본다"라는 판결이 나와 있다.

참고문헌

강진성, "최신 성형외과학", 계명대학교 출판부, 1995.
골든로즈 교재
기초색채와 디자인, 태학원, 1996.
김동석, "반영구화장의 이론과 실기", 청화메디칼, 2015.
김연진, 반영구 메이크업(피부과 의사가 알려주는), 대한의학서적, 2018.
김정희 · 안나경 · 백소은, 누구나 쉽게 하는 특수미용(반영구와 왁싱, 속눈썹 연장술을 한번에 엮어낸 최초의 토탈뷰티 교재), 크라운출판사, 2018
김진 · 장희진, 반영구 메이크업, 훈민사, 2011.
노희영 · 김용선 · 이정민, "실용메이크업", 광문각, 2004.
대한마취과학회, "마취과학", 여문각, 1994.
대한임상반영구 화장협회 심포지엄, 2004.
대한피부미용학회지
미국 바이오터치 비기닝, 어드밴스 교재
미용문신학회지
박경수, "관상을 바꾸는 반영구 화장", 시대인, 2017.
보건의료분야에서의 소독과 멸균, 대한감염관리 간호사, 회현문사, 2001.
소독법 및 해부생리학 관리법, (서울)한국피부미용학회, 한빛사이버교육방송, 2001.
신문균외, "해부생리학", 현문사, 1996.
신지현, "미용학개론", 수문사, 1992.
안지현 · 이용혜, "Micropigmentation", 한미의학, 2004.
오흥근, "통증클리닉 신경블록법", 군자출판사, 1995.
이수미 · 이용미 · 임미현, 메디 컨투어(Medi Contour), 구민사, 2015.
이연희 · 이화진, "MAKE-UP DESIGN", 청구문화사, 2003.
이진명, "영구 문신과 반영구 화장의 실제", 여문각, 2005.
이진영 · 김일우 · 반영구 화장 시술의 정석(의사와 간호사가 알려주는), 범문에듀케이션, 2018.
이화순 · 장미숙 · 조기여 · 이운현 · 황지호, "MAKEUP DESIGN BOOK", 경춘사, 2010.
장효빈 · 이광주 외 3명, 반영구 메이크업 실무 실전편, 이큐브메디컬코리아, 2017.
정미영, "반영구 메이크업", 시대인, 2016.
조성우, 관상대전, 명문당, 1985.
조승복원장의 '반영구화장의 이해에서 시술까지', 2004.
Color list 한국색채학회, 도서출판 국제, 2002.
DESIGN & TECHNIQUES 참고
The Art of Semi Permanent Make up, 2003.